风景园林工程

主 编 徐怀升 刘爽宽 张家华

副主编 许 峰 李夫艳 王清萍

       李 倩 叶 伟 张 妮

U0312431

西北工业大学出版社

西 安

【内容简介】　本书取材新颖，注重实用。主要内容包括园林工程施工准备、园林土方工程、风景园林给排水工程、水景工程以及风景园林工程项目的组织与管理等。

本书可作为园林工程专业和市政管理专业参考资料，也可供从事市政工程和园林工程等相关行业工作人员阅读。

图书在版编目（CIP）数据

风景园林工程 ／ 徐怀升，刘爽宽，张家华主编. —
西安 ： 西北工业大学出版社，2023.5

ISBN 978-7-5612-8715-6

Ⅰ.①风…　Ⅱ.①徐…　②刘…　③张…　Ⅲ.①园林-工程施工-高等学校-教材　Ⅳ.①TU986.3

中国国家版本馆 CIP 数据核字（2023）第 071267 号

FENGJING YUANLIN GONGCHENG

风 景 园 林 工 程

徐怀升　刘爽宽　张家华　主编

责任编辑：隋秀娟　张维夏	**装帧设计**：胡广兴	
责任校对：陈松涛　马　丹		
出版发行：西北工业大学出版社		
通信地址：西安市友谊西路 127 号	**邮编**：710072	
电　　话：（029）88493844，88491757		
网　　址：www.nwpup.com		
印 刷 者：北京银祥印刷有限公司		
开　　本：787 mm×1 092 mm	1/16	
印　　张：13		
字　　数：329 千字		
版　　次：2024 年 3 月第 1 版	2024 年 3 月第 1 次印刷	
书　　号：ISBN 978-7-5612-8715-6		
定　　价：79.00 元		

如有印装问题请与出版社联系调换

前　言

风景园林学是一门古老而又常新的学科，正在以崭新的姿态迎接未来。

"风景园林学"是规划、设计、保护、建设和管理户外自然和人工环境的学科。其核心内容是户外空间营造，根本使命是协调人与自然之间的环境关系。回顾历史，风景园林已持续存在数千年，从史前文明时期的"筑土为坛，列石为阵"，到 21 世纪的绿色基础设施、都市景观主义和低碳节约型园林，风景园林都有一个共同的特点，就是与人们对生存环境的质量追求息息相关。无论中西，都遵循一定的规律，即社会经济高速发展之时就是风景园林大展宏图之时。

当前，随着城市化进程的飞速发展，人们对生存环境的要求也越来越高，不仅注重建筑本身，而且关注户外空间的营造。休闲意识的出现和休闲时代的来临，使得人们对风景名胜区和旅游度假区的保护与开发的矛盾日益加大；滨水地区的开发随着城市形象的提档升级愈来愈受到关注；代表城市需求和城市形象的广场、公园、步行街等城市公共开放空间大量兴建；设计要求越来越高的居住区环境景观设计。在城市道路满足交通需求的前提下，景观功能被逐步强调……这些都明确显示，社会需要风景园林人才。

风景园林工程实施的主要目的是给人们提供一个良好的休息、文化娱乐、亲近大自然和满足人们回归自然愿望的场所，它同时也是保护生态环境、改善城市生活环境的重要措施。这些年来，风景园林学科发展及环境工程建设突飞猛进，特别是风景园林学被确定为一级学科以来，风景园林工程的教学内容也出现了新的变化，并被提出了新的要求。

随着学科的发展和教学改革的深入，风景园林工程的教学内容在广度和深度上都比过去有了较大的发展，为适应高等教育发展的要求，全面推行素质教育，进一步落实教育部的教改精神，本书对教学内容进行了全面且系统的更新。

本书系统地阐述了工程建设的基本理论和专业知识，从工程原理、工程设计、施工技术以及施工组织管理等方面进行详尽的介绍，内容力求结合生产实践，同时体现现代科学技术的成果和施工技术，按照国家最新的工程标准和规范，满足现代风景园林工程设计、施工与管理的需要。

本书按新规范编写，内容充实，取材新颖，注重实用，便于自学，既重视理论概念的阐述，也着意专题和设计实例的介绍，以期启发学生设计并能正确理解运用新规范。

本书由山东临沂市市政管理服务中心徐怀升、山东泰盛市政园林工程有限公司刘爽宽、山东景泽市政园林有限公司张家华担任主编，由山东泰盛市政园林工程有限公司许峰、山东景泽市政园林有限公司李夫艳、山东临沂市园林环卫保障服务中心王清萍、山东景泽市政园林有限公司李倩、山东临沂市园林环卫保障服务中心叶伟、山东景泽市政园林有限公司张妮担任副主编。

笔者在编写本书的过程中，参阅了相关文献、资料，在此，谨向其作者表示由衷的感谢。由于笔者水平有限，书中的疏漏和不足之处在所难免，敬请同行和读者批评指正。

编　者

目 录

绪 论

第一节 风景园林工程的概念与特点

一、风景园林工程的概念

风景园林工程是指在一定的地段范围内，利用并改造自然山水地貌，或者人为地开辟山水地貌，结合植物的栽植和建筑的布置，构成一个供人们观赏、游玩、居住的园林景观环境的全过程。这个过程过去也称为造园。研究风景园林的工程设计，施工技术及原理，工程管理，园林中新材料、新技术的利用，以及如何创造优美宜人的园林景观环境的学科，就是风景园林工程学。风景园林工程是以市政工程原理为基础，以风景园林美学和园林艺术理论为指导，研究园林景观建设技艺及管理的一门课程。

园林在中国古籍里根据不同性质也可称作囿、苑、园、庭园、别业、山庄等，欧美各国则称之为 garden、park、landscape、garden，现代园林的概念与传统园林的概念相比，要大得多。大约 100 年前，奥姆斯特德提出的 "Landscape Architecture" 被广泛采纳，翻译成中文为 "景观建筑学" "园林学" "造园学" "风景园林" 或 "景观规划与设计"，其中后两种翻译被专业人士认可。随着风景园林研究的进一步深入，并根据理论和实践的发展，刘滨谊教授提出了一个新的概念 "Landscape Studies"，即 "景观学"，使风景园林从景观规划设计与建造扩展为包括景观资源的管理、遗产的保护等方面的研究，甚至包括纯理论方面的研究，这一概念符合社会发展的需要。

二、风景园林工程的特点

1. 综合性强

风景园林工程是一门涉及广泛、综合性很强的综合学科，园林工程所涉及的不仅仅是简单的建筑和种植，更重要的是在建造的过程中要注意以下几点：①要遵循美学的观点，对所建工程进行艺术加工；②园林施工人员必须要能够看懂园林景观设计图纸，还要领会景观设计师的意图，所建工程才能符合设计的要求，甚至还能使所建景观锦上添花；③园林工程还涉及施工现场的测量、园林建筑及园林小品、园林植物的生长发育规律及生态习性、种植与养护等方面的知识。随着社会的进步、人类对环境要求的提高，园林景观必须具备多重功能，以最大限度地满足人们的日常生活使用需求和一切审美方面的需求。

2. 艺术性特征明显

风景园林工程不仅是技术工程，而且是艺术工程，具有明显的艺术性特征。园林艺术涉及景观造型艺术、园林建筑艺术、绘画艺术、雕刻艺术、文学艺术、植物造景艺术等诸多艺术领域。假山与水景的建造、园林建筑的施工、园路和广场的铺装以及植物造景都需要采用特殊的艺术处理才能得以实现。

3. 风景园林建设的时代性

风景园林工程是随着社会生产力的发展而发展的，在不同的时代背景下，总会形成与其时代相适应的建设内容。随着社会的发展、科学的进步、人民生活水平的提高，人们对环境质量的要求不断提高，对城市的园林建设要求也越发多样，新理念、新技术、新材料已深入到了风景园林工程的各个领域，形成了现代风景园林工程的又一显著特征。

4. 施工及工程管理的复杂性

（1）园林工程施工的复杂性。如上所述，园林工程施工涉及广泛，包括园林美学与园林艺术、土建和植物的种植与养护、气候、土壤以及植物的病虫害防治等方面的知识；在施工过程中，园林建造师还需要有一定的组织管理能力，才能使工程以较低成本、较高质量按期交工。

（2）工程管理的复杂性。由于园林工程施工过程中涉及施工队伍内部人员的管理，还涉及与建设单位、监理单位进行协调，因此，园林建造师在园林工程的施工过程中，不仅要掌握熟练的园林施工技能，还要有相应的管理及社交能力，才能保证施工的顺利进行。

5. 时效性强

一般来说，园林建设项目都有工期限制，在园林工程施工过程中，施工进度控制也是非常重要的一项管理内容，只有完善的施工组织设计和施工中适当的工期控制，才能保证工程如期完工。由于园林植物的生长发育会受到气候的影响，因此园林施工也会受到季节的限制，在不适宜的季节种植园林植物就要增加相应的种植和养护管理费用。

第二节　现代园林的发展趋势

中国园林经过了 3 000 多年的发展，在世界园林艺术史上留下了辉煌的成绩，对西方园林的发展起了巨大的推动作用。例如，英国在 18 世纪时出现的风景式园林，无论是在设计思想上，还是在设计手法上，都可以看到受到中国园林的巨大影响。中国园林的一些典型设计手法已完全融入西方园林的设计手法之中，如采用环形游览线路的布局方式、散点式景点布局和视点的移动转换等。我们在继承我国造园传统的同时，也逐渐接受了很多西方造园艺术的优良之处，吸取其精华，补中国园林之短，将中国文化思想之内涵与西方现代之观念融合，创造中国特色的现代园林。具体来说，现代园林的发展主要表现在以下几方面。

（1）现代园林不断向开敞、外向型发展，逐渐从城市中的花园转变为花园城市，而且乡镇和农村也开始逐渐重视生态环境的建设。现代园林强调开放性与外向性，使城市景观相互协调并融为一体，便于公众游览，其形式适合于现代人的生活、行为和心理，体现出了鲜明的时代感。

（2）在现代园林中，园林建筑密度降低，以植物为主组织景观代替了以建筑为主组织景观。起伏地形和林间草地代替了大面积挖湖堆山，减少了土方量和工程成本，同时也减少了对自然环境的破坏。重视植物造景，充分利用自然形态的植物进行构图，通过平面与立面的变化，造成抽象的图形美与色彩美，使作品具有精致的效果。

（3）在园林规划建设中，越来越强调园林的功能性和提升园林的科学品位。园林绿化已成为现代城市空间的优化者，是影响城市环境质量的一项重要建设，其内涵、功能和技术都具有独立的行业特征。

（4）随着生态环境的破坏，环境保护意识的不断增强，人性化和生态园林也越来越受到重视。以人为本美化生态环境、改造生态环境和恢复生态环境，已成为园林工作者在园林设计和园林建设中的主要课题。用生态学的观点去进行植物配置，将使未来的园林与生态和环境科学产生密切的联系。

（5）新材料、新技术不断应用于园林建设，体现时代精神的雕塑在园林中应用得日益增多。

第三节　风景园林工程与其他学科的关系

1. 园林美学及园林艺术

园林工作者要想创造优美的园林景观环境并给人以美的享受，首先必须懂得什么是美。古希腊的毕达哥拉斯学派认为，美就是一定数量的体现，美就是和谐，一切事物凡是具备和谐这一特点就是美的。美是事物现象与本质的高度统一，或者说美是形式与内容的高度统一、是通过最佳形式将它的内容表现出来。美包括自然美、生活美和艺术美。自然美如泰山日出、黄山云海、云南石林、黄果树瀑布等，凡其声音、色泽和形状等能令人身心愉悦，产生美感，并能寄情于景的，都是自然美。园林作为景观环境，在为人们创造接近大自然的机会，接受大自然的爱抚，享受大自然的阳光、空气的同时，还必须保证人们在游览时能够感到生活上的方便和心情舒畅，即园林的生活美。人们在欣赏和研究自然美、创造生活美的过程中，孕育了艺术美。艺术美应是自然美和生活美的提高和升华。园林艺术是融汇多种艺术于一体的综合艺术，是融文学、绘画、建筑、雕塑、书法、工艺美术等艺术于自然的一种独特艺术。同时，园林艺术利用植物的形态、色彩和芳香等为园林造景，利用植物的季相变化构成奇丽的景观。因此，园林艺术具有生命的特性，是有生命的艺术。风景园林工程就是利用园林美学的观点，通过园林艺术的手法（包括园林作品的内容和形式、园林设计的艺术构思和总体布局、形式美与内涵美相结合等），创造出优美的园林景观环境。

2. 园林景观规划设计

园林景观规划设计是园林景观的布局，起战略性的作用，布局合理与否将影响全局水平的高低。园林工程施工是实现设计意图的过程，园林建造师必须了解景观规划设计图的要求，通晓景观设计师的意图，通过利用构成园林的各种素材，对地形、地貌、园林建筑、假山、水景、植被等进行精心加工制作，最终形成优美的园林景观。优秀的景观规划设计必须由高水平的施工队伍精心制作才能实现，优秀的施工队伍在施工过程中还能对设计中的不足进行补充和完善。因此，两者之间是相辅相成的关系。

3. 园林树木学、花卉学、草坪学、园林苗圃学及园林植物育种学

园林植物是园林景观的主要组成成分，是园林中具有生命的部分，通过明显的花色、叶色及季相变化赋予园林景观以不同的外貌和活力。园林树木学、花卉学、草坪学、园林苗圃学主要研究的是园林植物的形态特征、观赏特性、生态适应性、园林用途、繁殖及栽培、养护管理等方面的内容；园林植物育种学则是研究新优园林植物种质资源，新优园林植物种，以及品种的引种、选种和育种。因此，这些课程是园林工程学的基础。

4. 生态学

随着工业的不断发展和社会的不断进步，环境被污染、破坏得日趋严重，人们越来越重视生态环境的改善，在园林规划设计和园林景观建造的过程中引入生态学观点，即生态园林设计和建造生态园林景观。斯坦利·怀特认为："如果我们的设计能含纳草地、森林和山，那我们能占据的景观将富含原土地之奥妙。景观特征应被加强而不是被削弱，最终和谐应存在于一个复合体上，这些人为化的景观是最动人、最可爱的，只要景观的结构和灵魂能被保留，我们就会感到快乐和兴奋。"现在的园林景观应包含为满足大众需求的园林景观美化，以及生态环境的改善、修复与保护。

5. 其他

筑山、理水、植物配置、建筑营造是造园的四大要素。筑山、理水、建筑营造都要求施工人员有建筑学知识，也要求施工方有建筑材料，园林植物更需要养护管理。因此，在学习园林工程的过程中，要注重对园林建筑、建筑材料、工程学等方面知识的学习。

第四节　风景园林工程的教学及学习方法

风景园林工程是园林专业的一门主要的专业课，是造园活动的理论基础和实践技能课，具有很强的实践性和综合性。园林工程的教学环节包括课堂教学、课程设计、园林模型的制作、实践教学等方面。其中，实践教学最好能结合园林工程现场施工和重点园林景观景点的评价进行。在园林工程的学习过程中要注意以下几方面。

（1）注重理论和实践的结合。风景园林工程是一门技术性很强的课程，主要包括园林工程中的相关施工技术、园林工程的预决算、工程的施工管理与监理。学生在学习的过程中，必须掌握所学内容，并结合实践加深对理论知识的认识。在实习过程中并非仅仅观看园林美景，

更应重视施工技术,同时还要运用园林美学和园林艺术的观点,对所见园林景观和景观要素(如假山、园路、水景、园林建筑等)进行评价,包括对某一园林景观与周围环境的协调程度、景观内部的设计、园林中各景点与整个园林景观的和谐程度、个体的造型艺术、制作手法和选材是否恰当以及施工技术的好坏等方面进行评价,寻找景观的优异之处和不足之处,从而在提高自己审美和艺术水平的同时,加深对施工技术的理解。预决算、施工管理与监理也只有在实际操作过程中才能更加熟练。

(2)注重多学科的综合运用。如前所述,园林工程是一门涉及非常广泛的学科,不仅要学园林美学、园林艺术、园林制图、园林规划设计、园林建筑设计、生态学、城市生态学、气象学、园林植物等课程,还要掌握园林的经营管理、园林工程的概预算与招投标、园林工程的施工管理与监理等知识,并且在园林工程的施工及管理中对这些知识要能够进行综合运用。随着社会的发展,园林工程施工单位必须紧跟时代步伐,适应市场运作方式,园林工程施工技术和管理人员也必须有经济学、社会学等方面的知识,同时也要了解国家相关的法律、法规。

(3)注重对新知识的学习,对新材料、新技术的运用。风景园林建设水平是随社会的发展进步而不断提高的。因此,在园林工程的学习过程中要紧跟时代发展的潮流,熟知园林的发展方向,掌握对相关新材料和新技术的应用,并能够将其灵活运用于园林建设之中。

第一章　园林工程施工准备

园林工程的施工准备是园林工程项目建设顺利进行的必要前提和重要保证。施工前应对工程建设进行认真、周全的准备，合理组织和安排工程建设。本章作为园林工程的入门内容，主要是介绍施工计划的制订，施工准备的重要性及主要内容，临时设施的类型和安排，等等，本章的学习目的是使读者对施工准备有初步的认识和了解。

第一节　施工计划的制订

一、施工计划制订的原则

园林工程施工计划是对拟建园林工程项目进行调查、论证、决策，确定建设地点和规模，写出项目可行性报告，编制计划任务书，报主管部门论证审核，送计委或建委审批，经批准后纳入正式的建设计划。因此，项目计划是项目确立的前提，是重要的指导性文件，其内容主要包括建设单位、建设性质、建设项目类别、项目建设负责人、建设地点、建设依据、建设规模、工程内容、建设期限、投资概算、效益评估、协作关系及环境保护等。园林工程施工计划的制订应在满足工程质量与工期要求的前提下，根据园林工程施工的具体情况制订，并符合以下各项原则。

（1）认真贯彻执行国家现行有关园林施工的规范、标准、规程，以及省市有关规定，遵循有法可依、执法必严、违章必纠、一抓到底的原则。

（2）制定合理的施工方案、科学的技术措施和可行的工程进度。

（3）组织强有力的施工领导机构和人员，运用科学的管理模式进行管理。

（4）配备过硬的施工队伍、足够的技术力量和齐全的施工机械。

（5）确保物资、材料的供应与各工种的密切配合。

（6）合理安排临时设施和制定施工现场文明管理措施。

（7）做好与周边单位及居民的协调工作，尽可能地为他们提供方便和服务。

二、施工计划的基础工作计划

在制订园林工程施工计划前，应先建立完善的领导机构和人员组织架构，同时组织技术管理人员、项目部组成人员认真学习、领会招标文件内容，认清施工重要性，明确指导思想，为项目的施工做准备。

三、施工计划的类型

工程项目施工准备分为技术准备、物资准备、劳动力组织准备和施工现场准备。为了落实各项施工准备工作，对其加强检查，必须根据各项施工准备的内容、时间和人员，编制施工工作计划。

施工计划按内容可分为施工企业的施工生产计划和建设工程项目的施工进度计划。施工企业的施工生产计划属于企业企划的范畴，它以整个施工企业为系统，根据施工任务量、企业经营的需求和资源利用的可能性等合理安排计划周期内的施工生产活动，如年度生产计划、季度生产计划、月度生产计划和旬生产计划等。

建设工程项目的施工进度计划属于项目管理的范畴，它以每个建设工程项目的施工为系统，依据企业的施工生产计划的总体安排、履行施工合同的要求、施工的条件（包括设计资料提供的条件、施工现场的条件、施工的组织条件、施工的技术条件和资源）以及资源利用的可能性，合理安排一个项目施工的进度：①整个项目的施工总进度方案、施工总进度规划、施工总进度计划；②子项目施工进度计划、单体工程施工进度计划；③项目施工的年度施工计划、项目施工的季度施工计划、项目施工的月度施工计划和旬施工计划等。建设工程项目施工进度计划若按计划的功能区分，可分为控制性施工进度计划、指导性施工进度计划和实施性施工进度计划。具体组织施工的进度计划是实施性施工进度计划，它必须非常具体。控制性施工进度计划和指导性施工进度计划的界限并不十分清晰，简单来说：按定额工期编制的进度计划就是指导性施工进度计划；按签订的管理目标工期编制的计划就是控制性施工进度计划。控制性施工进度计划分解后，变成月、旬、周计划，就成了实施性计划。大型和特大型建设工程项目需要编制控制性施工进度计划、指导性施工进度计划和实施性施工进度计划，而小型建设工程项目仅编制两个层次的计划即可。

四、施工计划制订的依据

（1）建设单位园林工程施工招标文件内容。

（2）施工图纸及建设单位对施工的要求。

（3）施工现场条件和勘察资料。

（4）国家或省市对安全文明施工、环境保护、交通疏通等方面的规定。

（5）"绿化设计施工规范""市政园林工程验收规范"等。

（6）企业目前所具备的实力。

（7）以往施工过程中所总结的施工经验。

（8）工程的重点、难点、特殊部位、主要部位的施工方法和质量、技术保证措施。

五、施工计划的制订

园林施工生产活动的全过程是非常复杂的物质财富再创造的过程，为了正确处理人与物、主体与辅助、工艺与设备、专业和协作、供应与消耗、生产与储存、使用与维修，以及它们在空间布置和时间排列之间的关系，必须根据拟建工程规模、结构特点和建设单位的要求，在原始资料调查分析的基础上，制订一份能切实指导工程全部施工活动的施工计划。

园林工程施工计划是以拟建工程为对象，规定各项工程的施工顺序和开工、竣工时间的重要施工文件，其中包括对工作任务的细化和分解，各项施工的进度计划，相应的材料、机械、劳务供应及其配置计划，以及资金计划，等等。合理的施工计划能具体指导施工过程，并用作项目部人员业绩考核的准绳。

编制计划一般有如下几个步骤：建立计划框架→定义活动→确定活动的工期→确定活动间的逻辑关系→估计资源需求→制订和优化进度计划→建立预算和基线计划。

1．建立计划的框架

工作分解结构（Work Breakdown Structure，WBS）就是将全部工作逐级分解，无论是生产有形实体的操作，还是无形的管理工作。对施工项目而言，分解主要是识别出独立的工作区域。工作分解结构是计划的框架，它支持成本、进度、员工绩效的管理。分解结构的最底层是项目经理部分派工作的基础。

2．定义活动

工作分解结构完成后，就可以开始定义"活动"。活动是一个可由项目经理部某一成员具体指挥所属人员实施的行动。活动代表了支持项目目标的基础工作——细微的或偶发的活动不包括在内。定义活动不像想象中那么容易，在很多情况下，正是由于活动没有被充分定义，从而导致了施工过程中的混乱、忙乱或偏差。因此，定义活动是极其重要的，它是项目计划和控制的基石。

3．活动的工期估计

园林工程中各项活动的工期有比较多的经验支撑，一般不难估计。但消耗时间有其客观规律，因此，由一线的人员做出估计并由经验丰富的技术人员审核是较常用的模式。

4．确定逻辑关系

给各项"活动"安排次序、定义逻辑关系，可以采用单代号网络图的方式确定工作间的逻辑关系。

5．估计资源需求

园林工程中各项活动分配资源的工作量非常大，在项目上常以定期编制"需用计划"的方式来完成这一工作。

6．制订和优化进度计划

制订进度计划，就是要确定项目所有活动的开始和完成时间。

7．建立预算和基线计划

制订计划的最后一步，是与项目各相关者沟通这份完整的计划，包括工作分解结构、进度计划、资源需用计划、预算等。一套得到一致认可的计划文件，将用于工作授权和过程控制。

第二节 施工准备

一、施工准备的重要性

园林工程建设是创造物质财富和精神财富的重要途径,园林建设发展到今天,其含义和范围也得到了一定的拓展。建设工程项目总的程序是按照决策(计划)、设计和施工三个阶段进行的。施工阶段又分为施工准备、项目施工、竣工验收、养护与保修等阶段。

由此可见,施工准备工作的基本任务是为拟建工程的施工创造必要的技术条件和物质条件,统筹安排施工力量和施工现场,使工程建设得以顺利进行。因此,认真做好施工准备工作,对于发挥企业优势、合理供应资源、加快施工进度、提高工程质量、降低工程成本、增加企业利润、赢得社会信誉、实现企业管理现代化具有十分重要的意义。

实践证明:凡是重视施工准备工作,积极为拟建工程创造一切施工条件,项目的施工就会顺利进行;反之,就会给项目施工带来麻烦或不便,甚至造成不可挽回的损失。

二、施工准备的分类

1. 按工程项目施工准备工作的范围不同分类

按工程项目施工准备工作的范围不同可分为全场性施工准备、单位工程施工条件准备和分部分项工程作业条件准备。

(1)全场性施工准备。全场性施工准备是以一个施工工地为对象而进行的各项施工准备,其特点是施工准备工作的目的、内容都是为全场性施工服务的。它不仅要为全场性的施工活动创造条件,而且要兼顾单位工程施工条件的准备。

(2)单位工程施工条件准备。单位工程施工条件准备是以一个建筑物、构筑物或种植施工为对象,进行施工条件的准备工作。其特点是该准备工作的目的、内容都是为单位工程施工服务的,它不仅为该单位工程的施工做好一切准备,而且要为分部分项工程做好施工准备工作。

(3)分部分项工程作业条件准备。分部分项工程作业条件准备是以一个分部分项工程或冬雨期施工项目为对象而进行的作业条件准备。

2. 按拟建工程所处的施工阶段的不同分类

按拟建工程所处的施工阶段的不同可分为开工前的施工准备和各施工阶段的施工准备。

(1)开工前的施工准备。开工前的施工准备是在拟建工程正式开工之前所进行的一切施工准备工作,其目的是为拟建工程正式开工创造必要的施工条件。它既可能是全场性的施工准备,又可能是单位工程施工条件的准备。

(2)各施工阶段前的施工准备。各施工阶段前的施工准备是在拟建工程开工之后,每个施工阶段正式开工之前所进行的一切施工准备工作。其目的是为施工阶段的正式开工创造必要的施工条件。

综上所述，施工准备工作既要有阶段性，又要有连贯性，必须有计划、有步骤、分期分阶段进行，要贯穿施工项目的整个建造过程。

3. 按施工准备工作的性质及内容的不同分类

施工准备工作按其性质及内容的不同通常可分为：技术准备、物资准备、劳动组织准备、施工现场准备和施工场外准备。

三、施工准备的主要内容

1. 技术准备

技术准备是核心，因为任何技术的差错或隐患都可能导致人身安全事故和质量事故。

（1）熟悉审查施工图纸和有关资料。园林建设工程在施工前应熟悉设计图纸的详细内容，并审查施工图纸和有关的设计资料是否符合现场实际和施工要求。图纸审查一般有自审、会审两种形式。自审记录、会审纪要都将作为指导施工、竣工验收和结算的依据。在研究图纸时，需要注意的是特殊施工说明书的内容，包括施工方法、工期和所确认的施工界限等。同时进一步熟悉、审查设计图纸的内容，具体包括：审查设计图纸是否完整、齐全；审查设计图纸与说明书在内容上是否一致，以及设计图纸与其各组成部分之间有无矛盾和错误；审查设备安装图纸与其相配合的土建施工图纸在坐标、标高上是否一致；等等。

（2）原始资料调查分析。为了做好施工准备工作，除了要掌握有关拟建工程的书面资料外，还应该进行拟建工程的实地勘测和调查，获得有关数据的第一手资料，这对于拟定一个切合实际的施工组织设计是非常必要的，因此应该做好以下两方面的调查分析。

1）自然条件的调查分析，主要包括工程区气候、土壤、水文、地质等，尤其是园林绿化工程，要充分了解和掌握工程区的自然条件。

2）技术经济条件的调查分析，内容包括：工程所在地的园林工程现状与园林施工企业的状况；施工现场的动迁状况；当地可利用的地方材料状况；建材、苗木的供应状况；地方能源、运输状况；劳动力和技术水平状况；当地生活供应、教育和医疗状况；消防、治安状况和参加施工的单位的状况。

（3）编制施工图预算和施工预算。施工图预算应按照施工图纸所确定的工程量、施工组织设计拟订的施工方法、建设工程预算定额和有关费用定额等，由施工单位编制。施工图预算是建设单位和施工单位签订工程合同的主要依据，是拨付工程款和竣工决算的主要依据，也是实行招投标和建设包干的主要依据，还是施工单位安排施工计划、考核工程成本的依据。

施工预算是施工单位内部编制的一种预算，是在施工图预算的控制下，结合施工组织设计中的平面布置、施工方法、技术组织措施以及现场施工条件等因素编制而成的施工文件，主要用于企业内部的经济核算和班组考核。

（4）编制施工组织设计。拟建工程应根据其规模、特点和建设单位要求，编制指导该工程施工全过程的施工组织设计。

2．物质准备

园林建设工程的物质准备工作内容主要包括土建材料准备、电气照明材料准备、绿化材料准备、构（配）件和制品加工准备、园林施工机具准备等。

3．劳动组织准备

（1）劳动组织准备按范围分，有整个园林施工企业的劳动组织准备，有大型综合的拟建工程项目的劳动组织准备，也有小型简单的拟建单位工程的劳动组织准备。

（2）建立拟建工程项目的领导机构。

1）施工组织机构的建立应遵循以下原则：根据拟建工程项目的规模、特点和复杂程度，确定拟建工程项目施工的领导机构人员和名额，坚持合理分工与密切协作相结合，把有施工经验、有敬业精神、有工作效益的人选入领导机构，认真执行因事设职、因职选人的原则。

2）建立精干的施工队伍。施工队伍的建立要认真考虑专业、工种合理搭配，技工、普工的比例满足施工要求，要坚持合理、精干的原则。

4．施工现场准备

大中型的综合园林建设项目应做好完善的施工现场准备工作。

（1）施工现场控制网测量。根据给定永久性坐标和高程，按照总平面图要求，进行施工场地控制网测量，设置场区永久性控制测量标桩。

（2）做好"四通一清"，确保施工现场水通、电通、道路畅通、通信畅通和场地清理完毕，并应按消防要求设置足够数量的消防栓。园林建设中的场地要因地制宜，合理利用竖向条件，既要便于施工，又要保留良好的地形景观。

（3）做好施工现场的补充勘探。对施工现场做补充勘探是为了进一步寻找隐蔽物。城市园林建设工程尤其要清楚地下管线的分局，以便及时拟定处理隐蔽物的方案和措施，为基础工程施工创造条件。

（4）建造临时设施。按照施工总平面图的布置，建造临时设施，为正式开工准备好生产、办公、生活、居住和储存等临时用房。

（5）安装调试施工机具。根据施工机具需要计划，按施工平面图要求，组织施工机械、设备和工具进场，按规定地点和方式存放，并进行相应的保养和试运转等工作。

（6）组织施工材料进场。根据各项材料需要计划，组织进场，按规定地点和方式储存和堆放；植物材料一般随到随栽，无需提前进场，若进场后不能立即栽植，要选择好假植地点和养护方式。

（7）其他。如做好冬季、雨季施工安排，保护保存树木，等等。

5．施工场外协调

（1）材料选购、加工和订货。根据各项材料需要量计划，同建材生产加工、设备设施制造、苗木生产等单位取得联系，必要时签订供货合同，保证按时供应。植物材料属非工业产品，一般要到苗木场（圃）选择符合设计要求的质优苗木；园林中特殊的景观材料（如山石等）需要事先根据设计需要进行选择以备用。

（2）施工机具租赁或订购。对本单位缺少且需用的施工机具，应根据需要量计划，同有关单位签订租赁合同或订购合同。

（3）明确各施工单位间的关系，选定转、分、承包单位，并签订合同，理顺转、分、承包的关系，同时防止出现将整个工程全部转包的现象。

四、施工准备的工作计划制订

为了落实各项施工准备工作，对其加强检查和监督，必须根据各项施工准备工作的内容、时间和人员，编制施工准备工作计划（见表 1-1）。

表 1-1　施工准备工作计划

序　号	施工准备项目	简要内容	负责单位	起止时间		备　注
				月、日	月、日	

综上所述，各项施工准备工作不是分离的、孤立的，而是相互补充、相互配合的。为了提高施工准备工作的质量，加快施工准备工作的速度，必须加强建设单位、设计单位和施工单位之间的协调工作，建立健全施工准备工作的责任制度和检查制度，使施工准备工作有领导、有组织、有计划和分期分批地进行，并贯穿施工全过程。

第三节　施工总平面设计

施工总平面图是拟建项目施工场地的总布置图。它按照施工方案和施工进度的要求，对施工现场的道路交通、材料仓库、临时房屋、临时水电管线等做出合理的规划布置，从而正确处理全工地施工期间所需各项设施和永久建筑、拟建工程之间的空间关系。绘制的比例一般为1:1 000 或 1:2 000。

一、施工总平面图设计的原则

施工总平面图设计应遵循以下几条原则。

（1）临时设施和道路不能占用园林建筑、假山水景及园路用地。

（2）在满足施工要求的前提下，要求尽量少占地，不挤占交通道路。

（3）最大限度地压缩场内运输距离，尽可能避免二次搬运。

（4）在满足施工需要的前提下，临时工程越小越好，以降低临时工程费。

（5）临时设施的布置有利于员工的生活和施工，减少工人从施工场地到住处的往返距离。

（6）取土和弃土位置要充分考虑劳动保护、环境保护、技术安全、防火要求等。

二、施工总平面布置图的设计步骤

1. 场外交通道路和内部道路的布置

当大量物资由场外运进现场时，一般先将仓库、办公室及宿舍等生产性临时设施布置在最经济合理的地方，再布置通向场外的路线。

2. 布置仓库、临时房屋及其他临时设施

一般中心仓库布置在工地中央或靠近使用的地方，也可以布置在靠近外部交通连接处。砂石、水泥、石灰、木材等仓库或堆场宜布置在施工对象附近，以免二次搬运。一般笨重设备应尽量放在车间附近，其他设备仓库可布置在外围或其他空地上。

3. 布置预制件加工场和混凝土搅拌站

一般应将预制件加工场和混凝土搅拌站集中布置在同一个地区，且多处于工地边缘。各科预制件加工场和混凝土搅拌站应与相应仓库或材料堆场布置在同一场地。

4. 临时水电管网及其他动力设施的布置

水电从外面接入工地，沿主要干道布置干管、主线，然后与各使用点接通；临时总变电站应设置在高压电引入处，不应放在工地中心；临时水池应放在地势较高处，并设置在工地中心或工地中心附近。临时发电设备，沿干道布置主线；施工现场供水管网有环状、枝状和混合式三种形式。

根据工程防火要求，应设立消防站。一般设置在易燃物（木材、仓库等）附近，并且必须有通畅的出口和消防车道，其宽度不宜小于 6 m。沿道路布置消防栓时，其间距不得大于 100 m，消防栓到路边的距离不得大于 2 m。

5. 绘制正式的施工总平面图

根据以上的布局绘制施工总平面图。

第四节　临时设施

一、规划原则

临时设施的规划与设计，要在遵循国家及相关省市有关工程建设和临时设施建立的规定

及要求的前提下，充分利用现有场地，重点保障施工现场，保证职工生活，符合施工现场卫生要求、安全设计要求及防火规范，同时体现企业形象。在施工之前应做好详细的平面规划，施工时应严格按照规划图施工。工程开工后不得随意增建有关临时设施，确需增加或迁建的，应另行设计方案。临时供电、临时供水最好能结合永久施工。

二、临时设施的类型及设立的注意事项

1. 临时房屋设施

房屋设施一般包括工地加工厂、工地仓库、办公用房（含施工现场指挥部、办公室、项目部、财务室、传达室、车库等）以及居住生活用房等。

行政与生活临时设施应尽量利用建设单位的生活基地或其他永久性建筑，不足部分另行建造。一般全工地性行政管理用房宜设在全工地入口处，以便对外联系，也可设在工地中间，便于全工地管理；工人用的福利设施应设置在工人较集中的地方，或工人必经之处；生活基地应设在场外，距工地 500～1 000 m 为宜；食堂可布置在工地内部或工地与生活区之间。临时房屋设施的建立应注意以下事项：办公、生活临时房屋应集中布置，且与施工作业区分开设置；要与周边堆放的建筑材料、设备、建筑垃圾、施工围墙及高压线等保持安全距离；多家施工单位的工程施工现场，建设单位应划出专门地块，供施工单位建造临时房屋。

2. 临时道路

工地运输方式有铁路运输、水路运输、汽车运输和非机动车运输等。在规划临时道路时，应充分利用拟建的永久性道路，即提前修建永久性道路，或者先修路基和简易路面作为施工所需的道路，以达到节约投资的目的。若地下管网的图纸尚未出全，而又必须采取先施工道路、后施工管网的顺序时，临时道路就不能完全建造在永久性道路的位置，而应尽量建造在无管网地区或扩建工程范围的地段上，以免开挖管道沟时破坏路面。

3. 临时供水

施工工地临时供水主要包括生产用水、生活用水和消防用水三种。需根据用水的不同要求确定用水量和选择水源。

4. 临时供电

工地临时供电包括：计算用电总量、选择电源、确定变压器、确定导线截面积并布置配电线路。

工程临时用电应注意以下事项：施工现场临时用电必须有施工组织设计，并经审批；安装、维修或拆除临时用电工程，必须由电工完成，并做好记录，电工必须有电工操作证；必须使用五芯电缆线，电缆干线应采用埋地或架空敷设，严禁沿地面明设，并应避免机械损伤和介质腐蚀；架空线必须设在专用电杆上，严禁架设在树木、脚手架上；电力线路必须采用 TN-S 接零保护系统，保护零线的设置必须符合技术规范；电箱必须符合"三级配电两级保护"和"一机、

一闸、一箱"的要求，必须同时装设漏电保护器；施工现场临时用电必须经过监理人员组织验收，并由监理人员签发准许使用意见。

5．临时通信

现代施工企业为了高效、快捷地获取信息，提高办事效率，在一些稍大的施工现场都配备了固定电话、对讲机、电脑等设施。

6．材料堆放场地

材料堆放主要包括施工现场工具、构件、材料的堆放，以及标牌的设置和易燃易爆物品的分类摆放，同时注意防火、防盗。

课后思考题

1．施工计划制订的原则有哪些？
2．施工计划的制订步骤有哪些？
3．为什么说施工准备工作贯穿于整个工程施工的全过程？
4．施工准备工作如何分类？施工准备工作的内容主要有哪些？
5．施工计划中技术准备的主要内容有哪些？
6．为什么要进行施工总平面设计？施工总平面设计的原则有哪些？

第二章　园林土方工程

本章主要阐述竖向设计的概念和方法，介绍土方工程量的意义和土方工程量的计算，讲述土方施工的基本知识和土方施工内容。通过对本章内容的学习，学生应掌握竖向设计和土方计算的方法，了解土方施工的步骤，并为其他章节的学习打下良好的基础。

风景园林工程施工，必先动土，对施工场地地形进行整理和改造。土方工程是风景园林建设工程中的主要工程项目，尤其是大规模的挖湖堆山、整理地形的工程。这些项目工期长、工程量大，投资大且艺术要求高。土方工程施工质量直接影响工程的进行、景观质量、施工成本及以后的日常维护管理。

第一节　风景园林地形改造与设计

地形是构成园林实体的四种要素之一，它是指地球表面起伏的形态，具有三维特性。园林景观建设离不开地形设计，因其为园林景观元素的载体，同时也是园林景观的构成。地形的设计和改造是园林工程首要解决的问题，也是园林建设成功的关键所在。

一、地形的作用

1. 骨架作用

园林景观在不同程度上都与地面相接触，因此，地形便成了园林景观不可缺少的基础和依赖。地形是连接景观因素和空间的主线，它的结构作用可以一直延续到地平线的尽头或水体的边缘。地形为所有景观与设施提供了赖以存在的基面，它是园林各组成元素的载体。地形如同骨架一样，为园林中各景物提供平面及立面的依据。由此可见，地形对景观的决定作用和骨架作用是不言而喻的。

2. 空间作用

园林空间设计的素材可以是建筑、植物和道路等，也可以是地形。地形具有构成不同形状、不同特点园林空间的作用。园林空间的形成，也可由地形因素直接制约。地块的平面形状如何，园林空间在水平方向上的形状也就如何。地块在竖向产生变化，空间的立面形式也会产生相应的变化。

3. 景观作用

园林地形本身就是景观元素之一，具有重要的景观作用，具体体现在背景作用和造景作用两方面。

地形既是造园诸要素的基础，又为其他造园要素承担背景角色。例如，一块平地上草坪、树木、道路、建筑和小品形成地形上的一个个景点，而整个地形构成此园林空间诸景点要素的共同背景。

地形还具有许多潜在的视觉特性。对地形可以进行改造和组合，以形成不同的形状，产生不同的视觉效果。近年来，一些设计师尝试如雕塑家一样，在户外环境中，通过地形造型而创造出多样的大地景观艺术作品，我们将其称为"大地艺术"。

4. 工程作用

地形对于地表排水亦有十分重要的意义，园林排水的主要形式即为地面排水。由于地表的径流量、径流方向和径流速度都与地形有关，因此园林中地形过于平坦时就不利于排水，容易积涝。当地形坡度太陡时，径流量就比较大，径流速度也快，从而容易引起地面冲刷和水土流失。因此，创造一定的地形起伏，合理安排地形的分水和汇水线，使地形具有较好的自然排水条件，是充分发挥地形排水工程作用的有效措施。

地形也可以改善局部地区的小气候（见图 2-1），例如：地形设计可改善小环境的通风透光；起伏的地形在受光照的情况下形成阴面和阳面，可营造不同的光环境。

图 2-1　地形的工程作用

二、地形的类型

从园林造景角度来说，坡度是涉及地形的视觉和功能特征最重要的因素之一。从这一点出发可将地形分为平地、坡地和山地三大类。

1. 平地

自然环境中绝对平坦的地形是不存在的，所有地面都或多或少存在一些明显或难以觉察的坡度。园林中的"平地"指的是相对平坦的地面，更为确切的是指园林地形中坡度小于4%的较平坦土地。

园林中，平地适于作任何种类的活动场所。平地亦适于建造建筑，铺设广场、停车场、道路，建设游乐场，铺设草坪、草地，建设苗圃，等等。因此，现代公共园林中必须设有一定比例的平地以满足人流集散和交通、游览的需要。

园林中对平地应适当加以地形调整，一览无余的平地不加处理容易流于平淡。适当地对平地挖低堆高，造成地形高低变化，或结合这些高低变化设计台阶、挡墙，并通过景墙、植物等景观元素对平地进行分隔与遮挡，可以创造出不同层次的园林空间。

2. 坡地

坡地指倾斜的地面，按照其倾斜程度的大小可以分为缓坡、中坡、陡坡三种。园林中进行坡地设计，使地面产生明显的起伏变化，可增加园林艺术空间的生动性。

坡地地表径流速度快，不会产生积水，但是若地形起伏过大或坡度不大，而同一坡度的坡面延伸过长，则容易产生滑坡现象。因此，地形起伏要适度，坡长应适中。

（1）缓坡。坡度在4%～10%，地面起伏相对平缓，可用于运动和非正规的活动场地。在缓坡地，布置道路和建筑基本不受地形限制。园林中通常结合缓坡地修建活动场地、游憩草坪、疏林草地等，形成舒适的园林休息环境。缓坡地不宜开辟面积较大的水体，如果要开辟大面积水体，可以采用不同标高水体叠落组合形成，以增加水面层次感。缓坡地植物种植不受地形约束。

（2）中坡。坡度在10%～25%的中坡地形中，建筑和道路的布置会受到限制，垂直于等高线的道路常做成梯道，建筑一般要顺着等高线布置并结合现状进行地形改造才能修建（见图2-2），并且占地面积不宜过大。对于中坡地形，除溪流外不宜开辟河湖等较大面积的水体。中坡地植物种植基本不受限制。

（3）陡坡。坡度在25%～50%的坡地为陡坡。陡坡的稳定性较差，容易造成滑坡甚至塌方，因此，在陡坡地段的地形改造一般要考虑加固措施，如建造护坡、挡墙等。陡坡上布置较大规模建筑会受到很大限制，并且土方工程量很大。如果布置道路，一般要做成较陡的梯道；如果要通车，则要顺应地形起伏做成盘山道。陡坡地形更难设计较大面积水体，只能布置小型水池。陡坡地上土层较薄，水土流失严重，植物生根困难，因此陡坡地种植树木较困难。如果要对陡坡进行绿化，可以先对地形进行改造，改造成小块平整土地，或在岩石缝隙中种植树木，必要时可以对岩石进行打眼处理，留出种植穴并覆土种植。

3. 山地

同坡地相比，山地的坡度更大，其坡度在50%以上。山地根据坡度大小又可分为急坡地和悬坡地两种：急坡地地面坡度为50%～100%；悬坡地是坡度在100%以上的坡地。由于山地（尤其是石山地）的坡度较大，因此在园林地形中往往能表现出奇、险、雄等造景效果。山地上不宜布置较大建筑，只能通过地形改造点缀亭、廊等单体小建筑。山地上道路布置亦较困难：在急坡地上，车道只能曲折盘旋而上，游览道须做成高而陡的爬山磴道；而在悬坡地上，布置车道则极为困难。爬山磴道边必须设置攀登用扶手栏杆或扶手铁链。山地上一般不能布置较大水体，但可结合地形设置瀑布、叠水等小型水体。山地与石山地的植物生存条件比较差，适宜抗性好、生性强健的植物生长。但是，利用悬崖边、石壁上、石峰顶等险峻地点的石缝石穴，配植形态优美的青松、红枫等风景树，却可以得到非常吸引人的犹如盆景树石般的艺术景致。

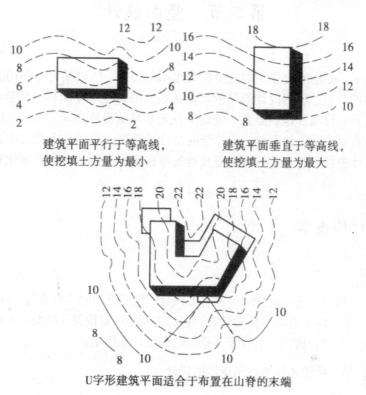

建筑平面平行于等高线，
使挖填土方量为最小

建筑平面垂直于等高线，
使挖填土方量为最大

U字形建筑平面适合于布置在山脊的末端

图 2-2　建筑布置与地形

三、地形设计的原则和要求

　　园林地形设计是园林竖向设计的内容之一，是在园林总体设计的指导下进行的。地形设计关乎园林景观的成功和园林诸多功能的实现，在进行具体设计时须遵循以下几条原则。

　　（1）从使用功能出发，兼顾实用与造景，发挥地形的应用性。用地的功能性质决定了用地的类型，不同类型、不同使用功能的园林绿地对地形的要求各异。例如：传统的自然山水园和安静休息区均要求地形较复杂，有一定的地貌变化；现代开放式园林则要求地形相对平坦，起伏小。

　　（2）要因地制宜，利用与改造相结合，在利用的基础上进行合理的改造。园林地形改造须充分了解原地形状况，在原地形基础上合理地进行地形设计和改造，有助于降低地形改造难度，减少土方量，创造优质景观。

　　（3）必须遵守城市总体规划中对园林的各种要求。

　　（4）注意节约原则，降低工程费用，就地就近，维持土方平衡。地形改造往往涉及大量土方，而土方工程费用通常占造园成本的 30%～40%，有时甚至高达 60%。因此，在地形设计时须尽量缩短土方运距，就地挖填，保持土方平衡以节省建园资金。

第二节　竖向设计

在建园过程中，原地形往往不能完全符合建园的要求，所以在充分利用原有地形的情况下必须进行适当的改造。竖向设计的任务就是从最大限度地发挥园林的综合功能出发，统筹安排园内各种景点、设施和地貌景观，使地上设施和地下设施之间、山水之间、园内与园外之间在高程上有合理的关系。因此，园林竖向设计是指在一块场地上进行垂直于水平面的布置和处理，使园林中各个景点、各种设施及地貌等在高程上创造出高低变化和协调统一的景观设计。

一、竖向设计的内容

1. 地形设计

地形的设计和整理是竖向设计的一项主要内容。地形骨架的"塑造"，山水布局，峰、峦、坡、谷、河、湖、泉、瀑等地貌小品的设置，它们之间的相对位置、高低、大小、比例、尺度、外观形态、坡度的控制和高程关系等都要通过地形设计来确定。

2. 园路、广场、桥涵和其他铺装场地的设计

图纸上应以设计等高线表示出道路（或广场）的纵横坡和坡向、道桥连接处以及桥面标高。在小比例图纸中则用变坡点标高来表示园路的坡度和坡向。

在寒冷地区，冬季冰冻、多积雪。为安全起见：广场的纵坡应小于 7%，横坡不大于 2%；停车场的最大坡度不大于 2.5%；一般园路的坡度不宜超过 8%。如园路坡度过大时则应设台阶，且台阶应集中设置。为了游人行走安全，应避免设置单级台阶。为方便行动不便的人员使用轮椅和游人推童车游园，在设置台阶处应附设坡道。

3. 建筑和其他园林小品

建筑和其他园林小品（如纪念碑、雕塑等）应标出其地坪标高及其与周围环境的高程关系，大比例图纸建筑应标注各角点标高。例如：在坡地上的建筑，是随形就势还是设台筑屋；在水边上的建筑物或小品，则要标明其与水体的关系。

4. 植物种植在高程上的要求

园林基地上可能会有些有保留价值的老树。其周围的地面依设计如需增高或降低，则在规划时，应在图纸上标注出保护老树的范围、地面标高和适当的工程措施。

植物对地下水很敏感，有的耐水，有的不耐水。规划时应为不同树种创造适宜其生活的环境。

不同的水生植物对水深有不同要求，有湿生、沼生、水生等多种。例如，荷花适宜生活于水深 0.6~1 m 的水中，设计时应予以考虑。

5. 排水设计

在地形设计的同时要考虑地面水的排除。一般规定无铺装地面的最小排水坡度为 1%，而铺装地面则为 5%，但这只是参考限值，具体设计还要根据铺装类型、土壤性质、汇水区的大小和植被情况等因素而定。

6. 管道综合

园内有各种管道（如供水、排水、供暖及煤气管道等），有些地方难免会出现交叉情况，在规划上就要按一定原则，统筹安排各种管道，合理处理交叉时的高程关系，以及它们和地面上的建筑物、园内乔灌木的关系（参阅第三章）。

二、竖向设计的方法

竖向设计的方法有多种，如等高线法、断面法及模型法等。园林建设中常用等高线法。

1. 等高线法

等高线法在园林设计中使用最多，一般地形测绘图都是用等高线或点标高表示的。在绘有原地形等高线的底图上用设计等高线进行地形改造或创作，在同一张图纸上便可表达原有地形、设计地形状况及园林的平面布置、各部分的高程关系，大大方便了设计过程中进行方案比较及修改，也便于进行下一步的土方量计算工作，因此，等高线法是一种比较好的设计方法。

应用等高线进行园林景观的竖向设计时，应首先了解等高线的基本性质。

（1）等高线的概念。等高线是一组垂直间距相等、平行于水平面的假想面与自然地貌相交，所得到的交线在平面上的投影。给这组投影线标注上数值，便可用它在图纸上表示地形的高低陡缓、峰峦位置、坡谷走向及溪池的深度等。

（2）等高线的性质。

1）在同一条等高线上的所有的点，其高程都相等。

2）每一条等高线都是闭合的。由于图界或图框的限制，在图纸上不一定每根等高线都能闭合，但实际上它们还是闭合的。

3）等高线的水平间距的大小表示地形的缓或陡，疏则缓，密则陡。等高线的间距相等，表示该坡面的角度相同，如果该组等高线平直，则表示该地形是一处平整的同一坡度的斜坡。

4）等高线一般不相交或重叠。只有在悬崖处等高线才可能出现相交的情况，在某些垂直于地平面的峭壁、地坎或挡土墙驳岸处等高线才会重合在一起。

5）等高线在图纸上不能直接穿过河谷、堤岸和道路等。因为以上地形单元或构筑物在高程上高出或低于周围地面，所以等高线在接近低于地面的河谷时转向上游延伸，而后穿越河床，再向下游走出河谷。如遇高于地面的堤岸或路堤时，等高线则转向下方，横过堤顶，再转向上方，而后走向另一侧。

（3）用设计等高线进行竖向设计。用设计等高线进行竖向设计时，经常要用插入法求两相邻等高线之间任意点高程的公式和坡度公式。坡度公式为

$$i=h/L$$

式中，i——坡度，%；

　　——高差，m；

　　——水平间距，m。

以下介绍设计等高线在设计中的具体应用。

1）陡坡变缓坡或缓坡改陡坡。等高线间距的疏密表示着地形的陡缓。在设计时，如果高差 h 不变，可用改变等高线间距 L 来减缓或增加地形的坡度。

2）平垫沟谷。在园林建设过程中，有些沟谷地段需垫平，平垫这类场地的设计可以用平直的设计等高线和拟平垫部分的同值等高线连接。其连接点就是不挖不填的点，也叫"零点"，这些相邻零点的连线，叫作"零点线"，也就是垫土的范围。如果平垫工程不需要按某一指定坡度进行，则设计时只要将拟平垫的范围在图上大致框出，再以平直的同值等高线连接原地形等高线即可。如果要将沟谷部分依指定的坡度平整成场地，则设计等高线应互相平行，间距相等。

3）削平山脊。将山脊铲平的设计方法和平垫沟谷的方法相同，只是设计等高线所切割的原地形等高线方向正好相反。

4）平整场地。园林中的场地包括铺装广场、建筑地坪、各种文体活动场地和较平缓的种植地段，如草坪、较宽的种植带等。非铺装场地对坡度要求不那么严格，目的是垫洼平凸，将坡度理顺，而地表坡度则任其自然起伏，排水通畅即可。铺装地面的坡度则要求严格，各种场地因其使用功能不同对坡度的要求也不同。通常为了排水，最小坡度大于 5%，一般集散广场坡度在 1%～7%，足球场 3%～4%，篮球场 2%～5%，排球场 2%～5%，这类场地的排水坡度可以是沿长轴的两面坡或沿横轴的两面坡，也可以设计成四面坡，这取决于周围环境条件。一般铺装场地都采取规则的坡面。

5）园路设计等高线的计算和绘制。园路的平面位置、纵横坡度、转折点的位置及标高经设计确定后，便可按坡度公式确定设计等高线在图面上的位置、间距等，并处理好它与周围地形的竖向关系。

2．断面法

断面法是用许多断面表示原有地形和设计地形状况的方法，此法便于计算土方量。应用断面法设计园林用地，首先要有较精确的地形图。

断面的取法可以沿所选定的轴线取设计地段的横断面，断面间距视所要求的精度而定，也可以在地形图上绘制方格网，方格边长可依设计精度确定。设计方法是在每一方格角点上，求出原地形标高，再根据设计意图求取该点的设计标高。各角点的原地形标高和设计标高进行比较，求得各点的施工标高，依据施工标高沿方格网的边线绘制出断面图：沿方格网长轴方向绘制的断面图叫纵断面图；沿方格网短轴方向绘制的断面图叫横断面图。

从断面图上可以了解各方格点上的原地形标高和设计地形标高，这种图纸便于土方量计算，也便于施工。

3. 模型法

采用泥土、沙、泡沫等材料制作成缩小的模型的方法。此方法直观、形象、具体，但制作费工费时，投资较多，且大的模型不便搬动，如需保存，还需要专门的放置场所。

三、竖向设计和土方工程量

竖向设计不仅影响着整个园林的景观和建成后的使用管理，而且直接影响着土方工程量，和园林的基建费用息息相关。一项好的竖向设计应该既能充分体现设计意图，又能使土方工程量最少。影响土方工程量的因素很多，主要有以下几种。

（1）整个园基的竖向设计是否遵循"因地制宜"这一至关重要的原则。园林地形设计应顺应自然，充分利用原地形，宜山则山，宜水则水。《园冶》说："高阜可培，低方宜挖。"其意就是要因高堆山，就低凿水。要因势利导地安排内容，设置景点，必要之处也可以进行一些改造。这样做才能减少土方工程量，从而节约工力，降低基建费用。

（2）园林建筑和地形的结合情况。园林建筑、地坪的处理方式，以及建筑和周围环境的联系，直接影响着土方工程，如图2-3所示，（a）的土方工程量最大，（b）其次，而（d）又次之，（c）最少。由此可见，园林中的建筑如能紧密结合地形，建筑体型或组合能随形就势，就可以少动土方。北海公园的庑鉴室、酣古堂和颐和园的画中游等都是建筑和地形结合的佳例。

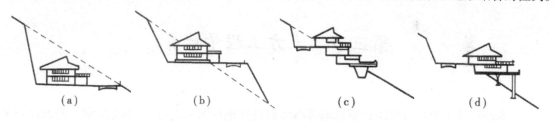

图2-3　建筑与地形的结合

（3）园路选线对土方工程量的影响。园路路基一般有几种类型，在山坡上修筑路基，大致有以下几种情况（见图2-4）：（a）全挖式，（b）半挖半填式，（c）全填式。在沟谷低洼的潮湿地段或桥头引道等处道路的路基需修成路堤（d）；道路通过山口或陡峭地形时，为了减少道路坡度，路基往往做成路堑（e）。

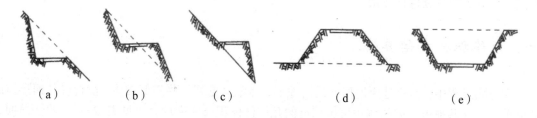

图2-4　道路与地形的结合

（a）全挖；（b）半挖半填；（c）全填；（d）路堤；（e）路堑

（4）多做小地形，少做或不做大规模的挖湖堆山。杭州植物园分类区小地形处理，就是这方面的佳例（见图2-5）。

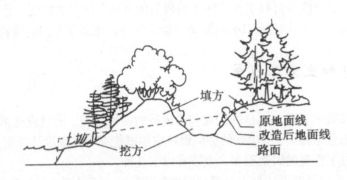

图 2-5　用降低路面标高的方法丰富地形

（5）缩短土方调配运距，减少二次搬运。前者是设计时可以解决的问题，即在绘制土方调配图时，考虑周全，将调配运距缩到最短；后者则属于施工管理问题，往往是由于运输道路不好或施工现场管理混乱等原因，卸土不到位，或者卸错地方而造成的。

（6）管道布线和埋深合理，重力流管要避免逆坡埋管。

第三节　土方工程量计算

土方量计算一般是根据附有原地形等高线的设计地形图来进行的。通过计算，有时反过来又可以修订设计图中的不合理之处，使图纸更加完善。另外，土方量计算所得资料又是基本建设投资预算和施工组织设计等的重要依据。因此，土方量的计算在园林设计工作中是必不可少的。土方量的计算工作，根据要求精确程度，可分为估算和计算。在规划阶段，土方量的计算无须过分精细，只作毛估即可；而在作施工图时，土方工程量则要求比较精确。

计算土方体积的方法很多，常用的大致可归纳为四类：求体积公式估算法、断面法、方格网法、土方工程量软件计算法。

一、求体积公式估算法

在建园过程中，不管是原地形或设计地形，经常会见到一些类似锥体、棱台等几何形体的地形单体。这些地形单体的体积可用相近的几何体体积公式来计算（见表 2-1）。此法简便，但精度较差，多用于估算。

表 2-1 几何体的体积公式

序 号	几何体名称	几何体形状	体 积
1	圆锥	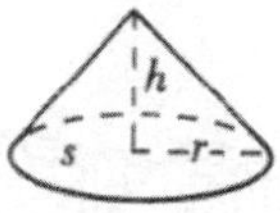	$V = \frac{1}{3}\pi r^2 h$
2	圆台	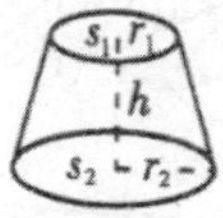	$V = \frac{1}{3}\pi h (r_1^2 + r_2^2 + r_1 r_2)$
3	棱锥	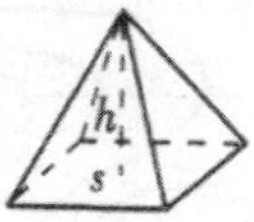	$V = \frac{1}{3}S h$
4	棱台	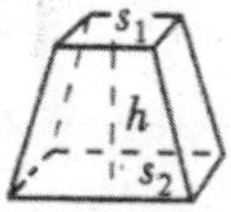	$V = \frac{1}{3}(S_1 + S_2 + \sqrt{S_1 S_2})h$
5	球缺	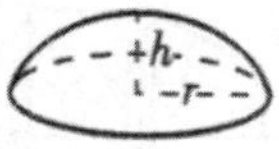	$V = \frac{\pi h}{6}(h^2 + 3 r^2)$

V ——体积 r——半径 S——底面积
h ——高 r_1、r_2——分别为上、下底半径 S_1、S_2——分别为上、下底面积

二、断面法

断面法是以一组等距（或不等距）的互相平行的截面将拟计算的地块、地形单体（如山、溪涧、池、岛等）和土方工程（如堤、沟渠、路堑、路槽等）分截成"段"。分别计算这些"段"的体积。再将各段体积累加，以求得该计算对象的总土方量。其计算公式为

$$V = \frac{S_1 + S_2}{2} \times L$$

当 $S_1 = S_2$ 时，有

$$V = S \times L$$

式中：V ——单体分段体积；
S_1、S_2——单位分段的两端断面面积；
L ——单体分段长度。

此法计算精度取决于截取断面的数量，多则精，少则粗。

断面法根据其截取断面的方向不同可分为垂直断面法、等高面法（或水平断面法）及与水平面成一定角度的成角断面法。园林工程建设中常采用前两种方法，下面详细介绍这两种方法。

1. 垂直断面法

此法适用于带状地形单体或土方工程（如带状山体、水体、沟、堤、路堑、路槽等）的土方量计算（见图 2-6）。

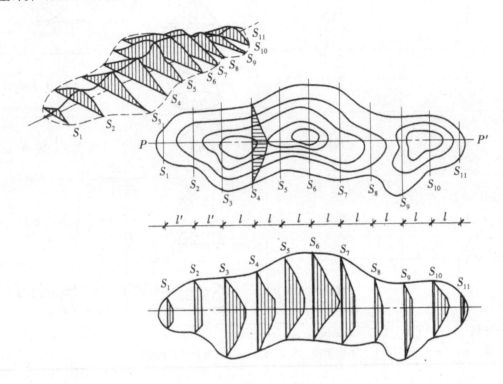

图 2-6　带状土山垂直断面法

在 S_1 和 S_2 的面积相差较大或两相邻断面之间的距离大于 50 m 时，其计算结果的误差较大，遇上述情况，可改用以下公式计算，即

$$V = \frac{L}{6}(S_1 + S_2 + 4S_0)$$

式中，S_0——中间断面面积。

S_0 的面积有两种求法。

（1）用求棱台中截面面积公式，则有

$$S_0 = \frac{1}{4}(S_1 + S_2 + 2\sqrt{S_1 \cdot S_2})$$

（2）用 S_1 及 S_2 各相应边的算术平均值求 S_0 的面积（见图 2-7）。

垂直断面法也可以用于平整场地的土方量计算。

用垂直断面法求土方体积，比较繁琐的工作是断面面积的计算。计算断面面积的方法多种多样，对形状不规则的断面既可用求积仪求面积，也可用"方格纸""平行线法"或"割补法"等方法进行计算，但这些方法都比较费时间。目前可利用计算机求截面面积，较为方便。

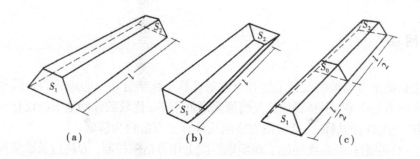

图 2-7　土堤截面

2. 等高面法（水平断面法）

等高面法是沿等高线取断面，等高距即为两相邻断面的间距，计算方法同垂直断面法（见图 2-8）。

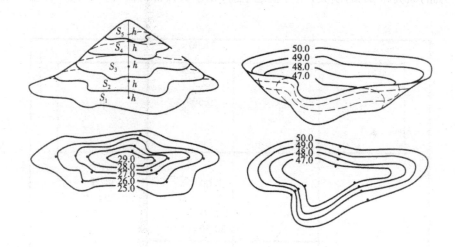

图 2-8　水平断面法图示

其计算公式为

$$V = \frac{S_1 + S_2}{2} \times h + \frac{S_2 + S_3}{2} \times h + \cdots + \frac{S_{n-1} + S_n}{2} \times h + \frac{S_n}{3} \times h$$

式中，V ——土方体积，m^3；

S ——断面面积，m^2；

h ——等高距，m。

等高面法最适于大面积的自然山水地形的土方计算。我国园林设计向来崇尚自然，园林中山水布局、地形的设计要求因地制宜，充分利用原地形，以节约工力，同时为了造景又要使地形起伏多变。总之，挖湖堆山的工程是在原有崎岖不平的地面上进行的，所以计算土方量时必须考虑到原有地形的影响，这也是自然山水园土方计算较繁杂的原因。由于园林设计图纸上的原地形和设计地形均用等高线表示，因此采用等高面法进行计算最为简便。

三、方格网法

方格网法是把平整场地的设计工作和土方量计算工作结合在一起进行的。园林中有许多各种用途的地坪需要整平。平整场地就是将原来高低不平、比较破碎的地形按设计要求整理为平坦的、具有一定坡度的场地,这时用方格网法计算土方量较为精确。

其方法是:①在附有等高线的施工现场地形图上作方格网控制,方格边长数值取决于所要求的计算精度和地形变化的复杂程度,园林中一般采用 20~40 m;②在地形图上用插入法求出各角点的原地形标高,注记在方格网角点的右下;③根据设计意图,确定各角点的设计标高,注记在角点的右上;④比较原地形标高和设计标高,求得施工标高,注记在角点的左上;⑤根据施工标高,计算零点的位置,确定挖填方范围;⑥根据公式计算土方量。例如,某公园为了满足游人游园活动的需要,拟将园中的一块地平整为三坡向两面坡的"T"字形广场,要求广场具有 1.5% 的纵坡和 2% 的横坡,土方就地平衡,试求其设计标高并计算其土方量(见图 2-9)。

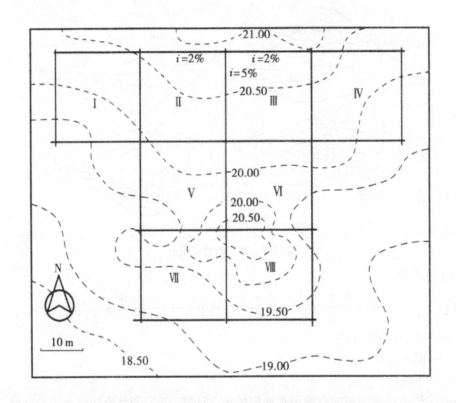

图 2-9 某"T"字形广场的方格控制网

1. 绘制方格网

按正南北方向(或根据场地具体情况决定)做边长为 20 m 的方格网,将各方格角点测设到地面上,同时根据测量角点的地面标高并将标高值标记在图纸上,这就是该点的原地形标高

（一般是在方格角点的右下方标注原地形标高，右上方标注设计标高，左上方标注施工的地形标高，左下方标注该角点编号）。如果有较精确的地形图，可用插入法在图上直接求得各角点的原地形标高。插入法求标高的方法如下。

设 H_x 为欲求角点的原地面高程，过此点作相邻两等高线间最小距离 L。则

$$H_x = H_a \pm \frac{x \cdot h}{L}$$

式中，H_x——位于低边等高线的高程；

　　　x——角点至低边的距离；

　　　h——等高差。

插入法求某地面高程通常会有以下三种情况。

（1）待求点标高 H_x 在二等高线之间：

$$H_x : h = x \quad L \quad x = \frac{x \cdot h}{L}$$

$$H_x = H_a + \frac{x \cdot h}{L}$$

（2）待求点标高 H_x 在低于等高线的下方：

$$H_x : h = x \quad L \quad x = \frac{x \cdot h}{L}$$

$$H_x = H_a - \frac{x \cdot h}{L}$$

（3）待求点标高 H_x 在高于等高线的上方：

$$H_x : h = x \quad L \quad x = \frac{x \cdot h}{L}$$

$$H_x = H_a + \frac{x \cdot h}{L}$$

如图 2-10 所示，角点 1-1 属于上述情况（1）。

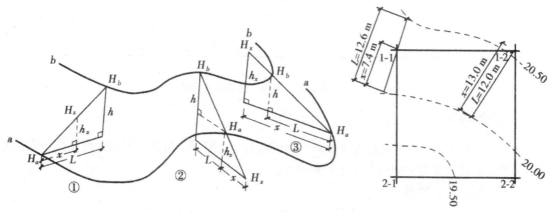

图 2-10　插入法求任意点高程图示

过点 1-1 作相邻等高线间的距离最短的线段。用比例尺量得 L =12.6 m，x =7.4 m，等高线高差 h=0.5 m，代入公式可得

$$H_x = 20.00 \text{ m} + \frac{7.4 \times 0.5}{12.6} \text{ m} = 20.29 \text{ m}$$

依次将其余各角点求出，并标记在图上（见图 2-11）。

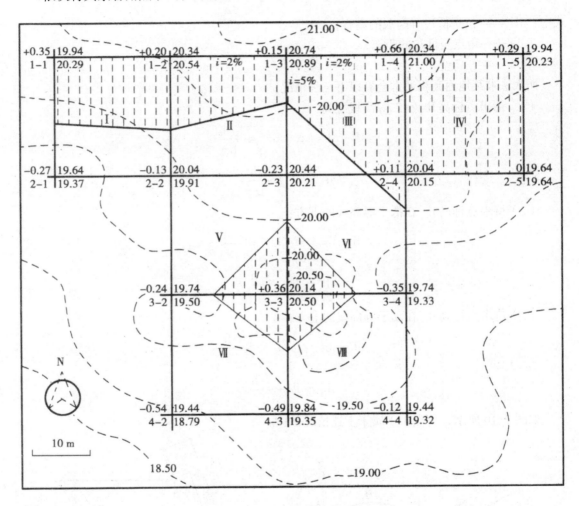

图 2-11　某"T"字形广场的土方计算

2．求设计标高

在土方工程中，平整就是在保证土方平衡的前提下，把一块高低不平的地面挖高垫低，使地面水平。假设水平地面的高程是平整标高 H_0。

（1）先求 H_0，则有

$$H_0 = \frac{1}{4N} \left(\sum h_1 + 2\sum h_2 + 3\sum h_3 + 4\sum h_4 \right) h$$

式中，h_1——计算时使用 1 次的角点高程，如图 2-11 中的角点 1-1、1-5、2-1、2-5、4-2 和 4-4；

　　　　h_2——计算时使用 2 次的角点高程，如图 2-11 中的角点 1-2、1-3、1-4、3-2、3-4 及 4-3；

　　　　h_3——计算时使用 3 次的角点高程，如图 2-11 中的角点 2-2 和 2-4；

　　　　h_4——计算时使用 4 次的角点高程，如图 2-11 中的角点 2-3 和 3-3。

设计中通常根据规划的需要确定某一个点的高程作为该点的设计高程。

（2）确定 H_0 的位置，求各点的设计标高。

风的位置确定是否正确，不仅直接影响着土方计算的平衡（虽然通过不断调整设计标高，最终也能使挖方、填方达到或接近平衡，但这样做必然要花许多时间），而且也会影响平整场地设计的准确性。

确定 H_0 位置的方法有两种。

1）图解法。图解法适用于形状简单、规则的场地，如正方形、长方形和圆形等场地（见表 2-2）。

表 2-2　图解法确定 H_0

坡地类型	平面图式	立体图式	H_0 点（或线）的位置	备　注
单坡向 一面波				场地形状为 正方形或矩形 $H_A=H_B$ $H_C=H_D$ $H_A>H_D$ $H_B>H_C$
双坡向 双面坡				场地形状同上 $H_P=H_Q$ $H_A=H_B=H_C>H_D$ H_P（或 H_Q）$>H_A$ 等
双坡向 一面坡				场地形状同上 $H_A=H_B$ $H_A=H_D$ $H_B\leqslant H_D$ $H_B>H_C$ $H_D>H_C$
三坡向 双面坡				场地形状同上 $H_P>H_Q$，$H_P>H_A$ $H_P>H_B$ $H_A\leqslant H_Q\geqslant H_B$ $H_A>H_D$，$H_B>H_C$ $H_Q>H_C$（或 H_D）

坡地类型	平面图式	立体图式	H₀点（或线）的位置	备 注
四坡向 四面坡	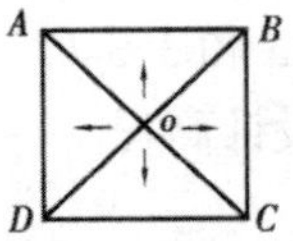	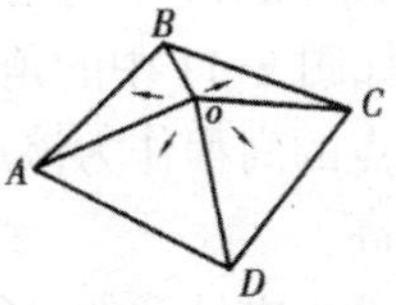	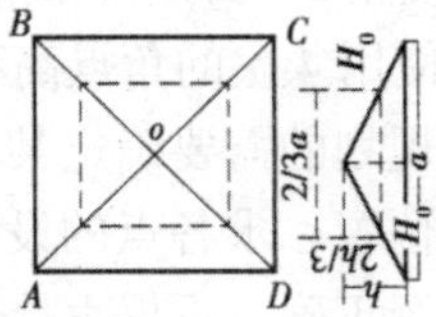	场地形状同上 $H_A = H_B = H_C = H_D$ $H_P > H_A$
圆锥状	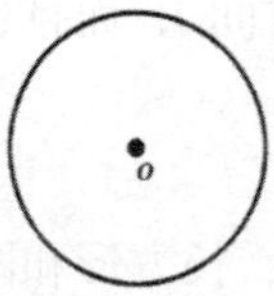	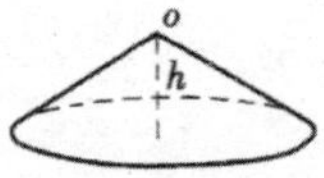	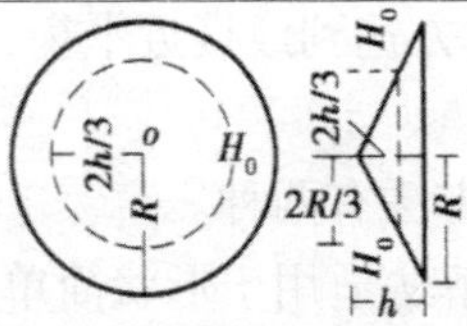	场地形状为圆形或 半径为 R、高度为 h 的圆锥形

场地中其他点的高程可根据坡度公式用已知点设计高程计算，如图 2-11 所示。

2）数学分析法。此法可适应任何形状场地 H_0 的定位。数学分析法是假设一个和我们所要求的设计地形完全一样（坡度、坡向、形状、大小完全相同）的土体，再从这块土体的假设标高反求其平整标高的位置。

设最高点 1-3（见图 2-11）的设计标高为 x，则

点 1-2、1-4 的设计标高为 x − 0.4；

点 1-1、1-5 的设计标高为 x − 0.8；

点 2-3 的设计标高为 x − 0.3；

点 2-2、2-4 的设计标高为 x − 0.7；

点 2-1、2-5 的设计标高为 x − 1.1；

点 3-3 的设计标高为 x − 0.6；

点 3-2、3-4 的设计标高为 x − 1.0；

点 4-3 的设计标高为 x − 0.9；

点 4-2、4-4 的设计标高为 x − 1.3。

假设设计标高的平整标高为 H_0'，而且

$$H_0 = H_0'$$

H_0 为根据各角点原地形高程所计算出的假想平整标高，按求 H_0 的公式

$$H_0' = \frac{1}{4N} \left(\sum h_1 + 2 \sum h_2 + 3 \sum h_3 + 4 \sum h_4 \right) h$$

即可计算出点 1-3 的 x 值，进而计算出各角点的设计标高（见图 2-11）。

式中，$\sum h_1 = 2(x - 0.8) + 2(x - 1.1) + 2(x - 1.3)$

$\sum h_2 = x + 2(x - 0.4) + 2(x - 1.0) + (x - 0.9)$

$\sum h_3 = 2(x - 0.7)$

$$\sum h_4 = (\ x-0.3) + (\ -x0.6)$$

3．求施工标高

施工标高 = 原地形标高 − 设计标高

得数 "+" 者为挖方，"−" 者为填方，如图 2-11 所示。

4．求零点线

所谓零点线是指每个方格网中不挖不填的点，零点的连线就是零点线，它是挖方区和填方区的分界线，因而零点线成为土方计算的重要依据之一。

在相邻二角点之间，如若施工标高值一为 "+"，一为 "−"，则它们之间必有零点存在，其位置可用下式求得，即

$$x = \frac{h_1}{h_1 + h_2} \times a$$

式中，x——零点距 h_1 一端的水平距离，m；

h_1、h_2——方格相邻二角点的施工标高绝对值，m；

a——方格边长，m。

上述中，以方格 I 的点 1-1 和 2-1 为例，求其零点，1-1 点施工标高为 +0.35m，2-1 点的施工标高为 −0.27m，取绝对值代入公式，则有

$$h_1 = 0.35\ m \quad h_2 = 0.27\ m \quad a = 20\ m$$

$$x = \frac{0.35\ m}{0.35\ m + 0.27\ m} \times 20\ m = 11.3\ m$$

零点位于距点 "1-1" 11.3 m 处（或距点 "2-1" 8.7 m 处），同法可求出其余零点，并依地形特点将各零点连接成零点线，按零点线将挖方区和填方区分开，以便计算其土方量，如图 2-12 所示。

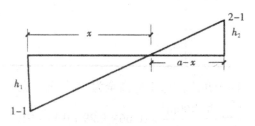

图 2-12　零点计算示意图

5．土方计算

零点线为计算提供了填方、挖方的区域，而施工标高又为计算提供了挖方和填方的高度。依据这些条件，便可选择相应的公式求出各方格的土方量。由于零点线切割的位置不同，会形成各种形状的棱柱体，以下是各种常见的棱柱体及其计算公式列表（见表 2-3）。

表2-3 土方量计算公式图式

平面投影图	示意图	计算公式
		零点线计算 $$b_1 = a\frac{h_1}{h_1 + h_2} \quad b_2 = \frac{h_3}{h_3 + h_1} \cdot a$$ $$c_1 = a\frac{h_2}{h_2 + h_4} \quad c_2 = \frac{h_4}{h_4 + h_2} \cdot a$$
		四点挖方或填方 $$V = \frac{a^2}{4}(h_1 + h_2 + h_3 + h_4)$$
		二点挖方或填方 $$V = \frac{b + c}{2} \cdot a \cdot \frac{\sum h}{4} = \frac{(b + c)a}{8} \cdot \sum h$$
		三点挖方或填方 $$V = \left(a^2 - \frac{b \cdot c}{2}\right) \cdot \frac{\sum h}{5}$$
		一点挖方或填方 $$V = \frac{1}{2} \cdot b \cdot c \cdot \frac{\sum h}{3} = \frac{b \cdot c}{6} \cdot \sum h$$

在图 2-11 中方格 Ⅳ 的四个角点的施工标高全为 "+" 号，是挖方，其计算公式为

$$V_{IV} = \frac{a^2 \times \sum h}{4} = \frac{400\text{m}^2}{4} \times (0.66 + 0.29 + 0.11 + 0)\text{m} = 106\text{m}^3$$

方格 I 中二点为挖方，二点为填方，其计算公式为

$$+V_I = \frac{a(b + c) \cdot \sum h}{8}$$

式中

$$a=20\text{m} \qquad b=11.25\text{m} \qquad c=12.25\text{m}$$

$$\Delta h = \frac{\sum h}{4} = \frac{0.55m}{4}$$

可得

$$+V_I = \frac{20(11.5 + 12.35)m^2 \times 0.55m}{8} = 32.3m^3$$

$$-V_I = \frac{20(8.75 + 7.75)m^2 \times 0.4m}{8} = 16.5m^3$$

同法可将其余各个方格的土方量逐一求出，并将计算结果逐项填入土方计算表。

6. 绘制土方平衡表及土方调配图

土方平衡表和土方调配图是土方施工中必不可少的技术资料，是编制施工组织设计的重要依据。从土方平衡表中我们可以清楚看到各调配区的进出土量、调拨关系和土方平衡情况。在土方调配图（见图 2-13）上则能更清楚地看到各区的土方盈缺情况，上方的调拨方向、数量及距离。

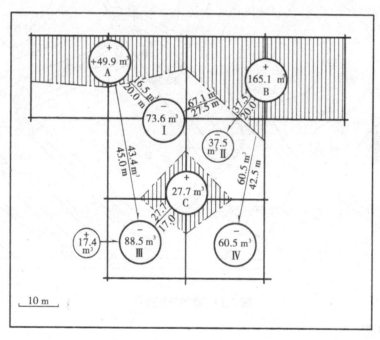

图 2-13　土方调配图

四、土方工程量软件计算法

随着计算机水平的发展，土方工程量计算软件被开发并广泛应用于园林土方工程。土方工程量计算软件一般基于 AutoCAD 平台开发，依据方格网法或断面法求土方量的原理制作而成。土方量计算软件具有良好的交互性、友好的界面和快捷的计算速度，可针对园林土方工程中各种复杂的地形，采用方格网法或断面法计算土方量。

目前国内外已有多款土方量计算软件，这些软件基本原理和操作方法相似。下面以土方工程量计算软件 HTCAD V6.0 为例，介绍利用软件进行土方量计算的方法。

HTCAD 是一款基于 AutoCAD 平台开发的软件，目前可支持 AutoCAD 2000－2009 各版本。该软件具有较完善的地形处理功能，可以便捷地对地形数据进行识别和修改，能智能转换地形数据，建立三维模型。利用该软件进行土方量计算，首先要具备详细的地形图（见图 2-14），其次应已完成竖向设计。

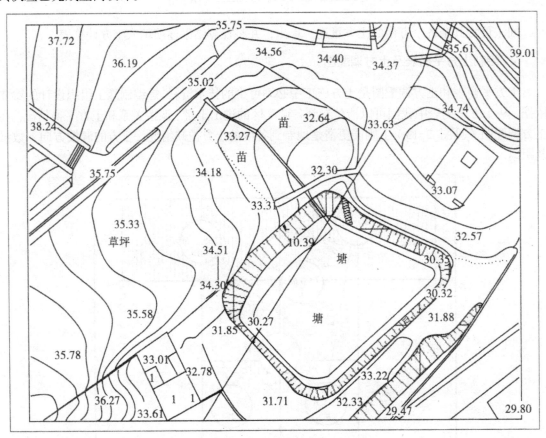

图 2-14 原地形图图示

1. 准备知识

使用 HTCAD 进行土方量计算，主要分为四个步骤：地形图的处理，设计标高的处理，方格网的布置和采集、调整标高，土方填挖方量的计算和汇总。

（1）地形图的处理。大部分地形图上的地形等高线和标高离散点基本上都没有真实的高程信息，或有高程信息而软件并不识别，这就需要做一定的转换工作，通过 HTCAD "自然地形采集" 模块自动读取标高数据。

1）定义自然标高点：对于没有地形图的，直接根据要求在相应坐标点上输入自然标高值。

2）转换离散点标高：对于已有高程信息的离散点（有 Z 值的点），经转换程序可自动识别标高信息。

3）采集离散点标高：对于现有离散点仅有文字标识而无标高信息的，程序可分析文字标识自动提取和赋予标高信息。

4）导入自然标高：对于全站仪生成的数据文件，自动导入转化为图形文件。

5）采集等高线标高：对于现有地形等高线仅有文字标识而无标高信息的，程序可自动提取和赋予标高信息。

6）离散地形等高线：将等高线的高程信息扩散至面，构筑三维地表高程信息模型（不可视）。如果不做此步骤，后续工作将无法进行。

（2）设计标高的处理。设计标高以设计等高线或标高离散点来表示，程序需要经过一定的处理，软件可自动读取设计标高的数据。

1）定义设计标高点：对于设计标高已定的情况，程序可直接在相应坐标点上输入设计标高值。

2）采集设计点标高：对于某些点的设计标高值已在图中表示的，但仅有文字标识而无高程信息的，程序自动赋予标高信息。

3）导入设计标高：对于某些坐标点的设计标高以文本文件的形式表示的，程序可自动读取该文本文件，获取标高信息。

4）定义设计等高线：对于设计等高线仅有文字标识而无标高信息，程序则自动赋予标高信息。

5）离散设计等高线：将设计等高线的标高信息扩散至面，构筑三维地表标高信息模型（不可视）。如果不做此步骤，后续工作将无法进行。

（3）方格网的布置和采集、调整标高。布置方格网后，程序可根据处理过的自然标高和设计标高自动采集，或直接在方格点上输入自然标高和设计标高，从而进行土方量计算。

1）划分场区：根据设计需要，布置土方计算的设计范围。

2）布置方格网：根据设计需要确定网格大小和角度，程序自动布置方格网。

3）计算自然标高：根据处理过的地形，程序自动计算每个方格点的自然标高。

4）计算设计标高：根据处理过的设计标高，程序自动计算每个方格点的设计标高。

5）输入自然标高：也可直接输入每个方格点上的自然标高（如无高程信息、原始标高相同或等高面等情况）。

6）输入设计标高：也可直接输入每个方格点上的设计标高（如无高程信息、设计标高相同或等高面等情况）。

7）输入台阶标高：如要计算有台阶的地势（如梯田），可采用此功能。

8）调整标高：可以对方格点的标高值作调整，以求得到最优的土方填挖量。

9）优化设计标高：程序采用最小二乘法优化场地的土方量，在满足设计要求的基础上力求土方平衡，土方总量最小。

（4）土方填挖方量的计算和汇总。

1）计算方格土方：根据已得到的自然标高和设计标高，程序自动计算每个方格网的填方量和挖方量。

2）汇总土方量：程序根据每个方格的土方的填挖方量，自动计算出总的填挖方量。

3）绘制土方零线：程序自动绘制土方零线。

4）绘制剖面图：程序自动根据所截断面情况，绘制剖面图。

5）边坡设计：根据条件程序自动绘制边坡并计算边坡土方量。

2．计算实例

（1）采集离散点标高，即采集原地形标高。离散点标高采集是通过选择图纸上标高的文字标注，由软件分析这些文字，然后转换成标高数值。HTCAD 提供四种方式采集离散点标高，分别是图层采集、框选采集、当前图采集和高级条件组合采集。

当地形图上标高文字放置在同一层上，可以选择图层采集方式。如果仅仅是对局部地进行土方量计算可选择框选采集方式。

完成采集方式选择后（见图 2-15），需要判断数字文字是否存在标识点（即地形图高程标识点）。命令完成，软件提示采集数据（见图 2-16）。

```
命令 | GATHERSCATTERPOINT
采集离散点标高
选择数字文字[选某层<1>/框选<2>/当前图<3>/高级<4>]<1>:1
选择数字文字
选择对象：找到 1 个
选择对象
数字文字是否存在标识点[Y/N]<Y>? Y
指定窗口的角点，输入比例因子 (nX 或 nXP)，或者
[全部(A)/中心(C)/动态(D)/范围(E)/上一个(P)/比例(S)/窗口(W)/对象(O)] <实时>：E
命令

命令
```

图 2-15　采集离散点标高命令

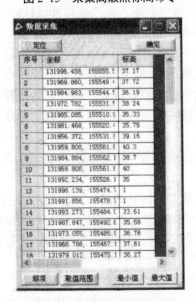

图 2-16　软件提示采集数据

（2）采集等高线标高。原则上只需要采集离散点或等高线就可以计算土方工程量，但为求计算精确，在已经采集了离散点的基础上再采集等高线（计曲线）的信息。

选择"采集等高线标高"命令（见图2-17），选择采集计曲线命令，然后用鼠标选择地形图上的一条计曲线，依据软件提示，设置计曲线等高差。命令执行完毕，软件提示采集数（见图2-18）。

```
命令：GATHERCONTOURLINE
采集等高线标高：
选择[截取等高线<1>/逐条等高线<2>/采集计曲线<3>/转换等高线<4>/退出<0>]<1>:3
选择一条计曲线：
选择对象：找到 1 个
选择对象：
指定计曲线等高差<5>：

命令：
```

图2-17　采集等高线标高命令

（3）离散地形等高线。软件通过选择的计曲线获取由线组成的高程信息，这部分信息需转换成高程数值（模型），因此采集等高线标高后，还需设置离散地形等高线布置间距，即设置计算精度（见图2-19）。

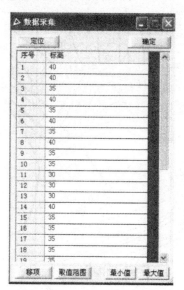

```
命令：SCATTERCONTOURLINE
离散地形等高线：
离散点布置间距（图面距离）<10>：

命令：
```

图2-18　数据采集结果　　　**图2-19　离散地形等高线命令**

（4）划分场区。划分场区是确定土方工程施工区域，即在图上标识出土方施工范围。场区可以根据具体施工情况和图纸内容进行设置，具体方式有绘制、选择、构造三种。场区划分完成后须对其编号，以便在多个场区土方计算完成以后汇总土方量（见图2-20）。

（5）布置方格网。场区内需要划分方格网，园林土方工程方格网间距一般设置为 10 m或20 m。设置方法是在菜单中选择"布置方格网"，依据提示，选择要划分方格网的场区，再选择对准点，使控制方格网与施工控制方格一致，最后设置方格间距（见图2-21）。场区及方格网布置如图 2-22 所示。

```
命令: DISPOSEFIELD
划分场区:
指定场区边界[绘制<1>/选择<2>/构造<3>]<1>: 2
选择一封闭多边形:
指定挖去区域[绘制<1>/选择<2>/构造<3>/无<4>/退出<0>]<4>:
输入场区编号<1>: 1

命令:
```

图 2-20　划分场区命令

```
命令: DISPOSEPANE
布置方格网:
选择场区:
方格对准点: <对象捕捉 开>
方格倾角[L-与指定线平行]<0.0>:
指定方格间距[矩形布置(R)]<20>:

命令:
```

图 2-21　布置方格网命令

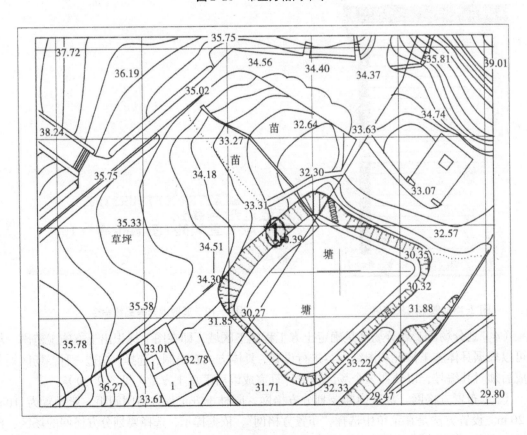

图 2-22　场区及方格网布置示意

（6）计算自然标高。由于前面步骤中已经完成原地形数据采集，因此只需要选择菜单命令"计算自然标高"，并依据提示选择需要计算土方量的场区，即可自动将方格网各角点原地形标高进行计算并标注（见图 2-23）。

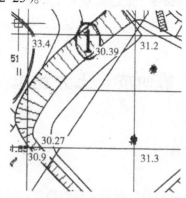

图 2-23　标高计算并标注

（7）输入设计标高。设计标高可采取与自然标高相同的方法，即采集竖向设计数据，由软件自动计算各角点设计坐标；设计标高也可采取手工输入的方式，即计算出各角点设计标高后，手工逐点输入到各个角点。对于平整场地，也可以用指定等高面的方式输入，软件会自动计算各角点设计标高（见图 2-24、图 2-25）。

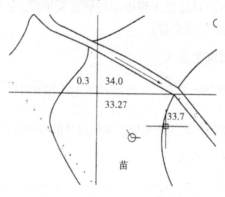

图 2-24　设计标高

```
命令: INPUTDESIGNELE
输入设计标高:
选择方格[框选<1>/场区<2>]<1>: <对象捕捉 开> 2
选择计算场区:
指定设计标高[一点坡度面<1>/二点坡度面<2>/三点面<3>/等高面<4>/逐点输入<5>/范围采集<6>]<1>:5
指定点:
该点设计标高<0>:32.00

指定点:
```

图 2-25　输入设计标高命令

（8）计算方格网土方量。选择菜单命令"计算方格网土方量"，软件自动计算并在各方格内显示挖填土方量。

（9）汇总土方量。选择菜单命令"汇总土方量"，软件自动生成土方量汇总表，完成土方量计算。

第四节　土方施工

一、土方施工的基本知识

任何园林建筑物、构筑物、道路及广场等工程的修建，都要在地面作一定的基础，挖掘基坑、路槽等；园林中地形的利用、改造或创造，如挖湖堆山、平整场地都要依靠动土方来完成。土方工程量，一般来说，在园林建设中是一项大工程，而且在建园中它又是先行的项目。它完成的速度和质量，直接影响着后继工程，所以它和整个建设工程的进度关系密切。土方工程的投资和工程量一般都很大。有的大工程施工期很长，如上海植物园，由于地势过低，需要普遍垫高，挖湖堆山，动土量近百万方，施工期从1974－1980年断断续续前后达7年之久。由此可见，土方工程在城市建设和园林建设工程中都占有重要地位。为了使工程能多快好省地完成，必须做好土方工程的设计和施工的安排。

1. 土方工程的种类及其施工要求

土方工程根据其使用期限和施工要求，可分为永久性和临时性两种，但是不论是永久性还是临时性的土方工程，都要求具有足够的稳定性和密实度，使工程质量和艺术造型都符合原设计的要求。同时，在施工中还要遵守有关的技术规范和原设计的各项要求，以保证工程的稳定和持久。

2. 土壤的工程性质及工程分类

土壤的工程性质与土方工程的稳定性、施工方法、工程量及工程投资有很大关系，也涉及工程设计、施工技术和施工组织的安排。因此，要研究并掌握土壤的一些性质。以下是土壤的五种主要工程性质。

（1）土壤的密度。土壤的密度是单位体积内天然状况下的土壤质量，单位为 kg/m^3。土壤密度的大小直接影响着施工的难易，容重越大挖掘越难。在土方施工中把土壤分为松土、半坚土、坚土等类，所以施工中施工技术和定额应根据具体的土壤类别来制定。

（2）土壤的自然倾斜角（安息角）。土壤自然堆积，经沉落稳定后的表面与地平面所形成的夹角，就是土壤的自然倾斜角，以度（°）表示。在工程设计时，为了使工程稳定，其边坡坡度数值应参考相应土壤的自然倾斜角的数值。土壤自然倾斜角的大小与土壤含水率、土壤颗粒大小等因素有关。土方工程不论是挖方或填方都要求有稳定的边坡。进行土方工程的设计和施工时，应该结合工程本身的要求（如填方或挖方，永久性或临时性）以及当地的具体条件（如土壤的种类及分层情况、压力情况等）使挖方或填方的坡度合乎技术规范的要求，如超出规范要求，则须进行实地测试来决定。

（3）土壤含水率。土壤的含水率是土壤孔隙中水的质量和土壤颗粒质量的比值。土壤的含水率多少对土方施工的难易有直接的影响，还影响到土壤的稳定性。土壤含水率过小，土质过于坚实，不易挖掘；含水率过大，土壤易泥泞，土壤稳定性降低，也不利于施工。一般土壤含水率在 5% 以下的称为干土，在 5%～30% 以内的称为潮土，大于 30% 的称为湿土。

（4）土壤相对密实度。用来表示土壤填筑后的密实程度。设计要求的密实度可以采用人力夯实或机械夯实达到。一般采用机械夯实，其密实度可达 95%，而人力夯实的密度在 87% 左右。大面积填方（如堆山等）通常不加夯压，而是借土壤的自重慢慢沉落，久而久之也可达到一定的密实度。

（5）土壤的可松性。土壤的可松性是土壤经挖掘后，其原有紧密结构遭到破坏，土体松散而使体积增加的性质。这一性质与土方工程的挖土量和填土量的计算及运输等都有很大关系。

二、土方施工准备

在园林工程施工中，由于土方工程是一项比较艰巨的工作，因此准备工作和组织工作不仅应该先行，而且要做到周全仔细，否则因为场地大或施工点分散，容易导致窝工甚至返工，从而影响工效。准备工作主要包括清理场地、排水和定点放线等。

1. 清理场地

在施工地范围内，凡有碍工程的开展或影响工程稳定的地面物或地下物都应该清理，例如不需要保留的树木、废旧建筑物或地下构筑物等。

（1）伐除树木，凡土方开挖深度大于 50 cm，或填方高度较小的土方施工，现场及排水沟中的树木必须连根拔除，清理树墩。直径在 50 cm 以上的大树应慎重处理，凡能保留的尽量设法保留。

（2）建筑物和地下构筑物的拆除，应根据其结构特点进行工作，并遵照《建筑工程安全技术规范》的规定进行操作。

（3）如果施工场地内的地面或地下发现有管线通过或其他异常物体时，应事先请有关部门协同查清。未查清前，不可动工，以免发生危险或造成其他损失。

2. 排水

场地积水不仅不便于施工，而且也影响工程质量，因此在施工之前，应设法将施工场地范围内的积水或过高的地下水排走。

（1）排除地面积水。在施工之前，根据施工区地形特点，在场地周围挖好排水沟（在山地施工为防山洪，在山坡上应做截洪沟），使场地内排水通畅，而且场外的水也不致流入。

（2）排除地下水。排除地下水的方法很多，但多采用明沟引至集水井，并用水泵排出。一般按排水面积和地下水位的高低来安排排水系统，先定出主干渠和集水井的位置，再定支渠的位置和数目。土壤的含水量大，要求排水迅速的，支渠分布应密些，其间距为 1.5 m 左右，反之可疏些。

（3）在挖湖施工中应先挖排水沟，排水沟的深度应大于水体挖深。沟可一次挖掘到底，也可以依施工情况分层下挖，采用哪种方式可根据出土方向决定。

3. 定点放线

在清场之后，为了确定施工范围及挖土或填土的标高，应按设计图纸的要求，用测量仪器在施工现场进行定点放线工作。这一步工作很重要，为使施工充分表达设计意图，测设时应尽量精确。

（1）平整场地的放线。用经纬仪将图纸上的方格测设到地面上，并在每个交点处立桩木，边界上的桩木依图纸要求设置。

桩木应侧面平滑，下端削尖，以便打入土中，桩上应标出桩号（施工图上方格网的编号）和施工标高（挖土用"+"号，填土用"-"号）。

（2）自然地形的放线。挖湖堆山，首先要确定堆山或挖湖的边界线。直接将自然地形边界线放样到地面上去是较难的，特别是在缺乏永久性地面物的空旷地上。这种情况下应先在施工图上画方格网，再把方格网放大到地面上，而后将设计地形等高线和方格网的交点一一标到地面上并打桩，桩上也要标明桩号及施工标高。堆山时土层不断升高，木桩可能被土埋没，所以桩的长度应大于每层的标高，不同层可用不同颜色标志，以便识别。另一种方法是分层放线、分层设置标高桩，这种方法适用于较高的山体。

（3）挖湖工程的放线工作和山体的放线基本相同，但由于水体挖深一般较一致，而且池底常年隐没在水下，放线可以粗放些，但水体底部应尽可能整平，不留土墩。岸线和岸坡的定点放线应该准确，这不仅因为它是水上部分而影响造景，而且和水体岸坡的稳定有很大关系。为了精确施工，可以用边坡样板来控制边坡坡度。

（4）开挖沟槽时，用打桩放线的方法，容易被移动甚至被破坏，从而影响校核工作，所以应使用龙门板。龙门板的构造简单，使用也很方便。每隔 30～100 m 设龙门板一块，其间距视沟渠纵坡的变化情况而定。板上应标明沟渠中心线位置，以及沟上口、沟底的宽度等。另外，还要设坡度板，用坡度板来控制沟渠纵坡。

三、土方施工技术环节

土方施工包括挖、运、填、压四个技术环节，其施工方法可采用人力施工，也可用机械化或半机械化施工。这要根据场地条件、工程量和当地施工条件决定。在规模较大、土方集中的工程中，采用机械化施工较经济；但对工程量不大、施工点较分散的工程，或因受场地限制而不便采用机械施工的地段，应该用人力施工或半机械化施工。

1. 土方开挖

（1）人力施工。施工工具主要是锹、镐、钢钎等。人力施工不但要组织好劳动力，而且要注意安全和保证工程质量。在挖土方时施工者要有足够的工作面，一般平均每人应有 4～6 m^2，附近不得有重物和易塌落物，要随时注意观察土质情况，采用合理的边坡。必须垂直下挖者，松土不得超过 0.7 m，半坚土不超过 1.25 m，坚土不超过 2 m，超过以上数值的需要设支撑板。挖方时工人不得在土壁下向里挖土，以防坍塌。在坡上或坡顶施工者，要注意坡下情况，不得向坡下滚落重物。施工过程中应注意保护基桩、龙门板或标高桩。

（2）机械施工。主要施工机械有推土机、挖土机等。在园林施工中推土机应用较广泛。例如，在挖掘水体时，以推土机推挖，将土推至水体四周，然后再运走或就地堆置地形，最后岸坡用人工修整。

用推土机挖湖堆山，效率高，但应注意以下几方面。

1）推土机手应会识图并了解施工对象的情况。在动工之前应向推土机手介绍拟施工地段的地形情况及设计地形的特点，最好结合模型讲解，使之一目了然。施工前还应了解实地定点放线情况，如桩位、施工标高等。这样施工起来推土机手心中有数，施工时就能得心应手地按照设计意图去塑造地形。这样对提高施工效率大有好处。这一步工作做得好，在修饰山体或水体时便可以省去许多劳力和物力。

2）注意保护表土。在挖湖堆山时，先用推土机将施工地段的表层熟土（耕作层）推到施工场地外围，待地形整理停当，再把表土铺回来，这样做虽然比较麻烦，但对今后的植物生长却有很大好处。有条件之处都应该这样做。

3）桩点和施工放线要明显。因为推土机施工进进退退，其活动范围较大，施工地面高低不平，加上进车或退车时司机视线存在某些死角，所以桩木和施工放线容易受破坏。因此，应加高桩木的高度，桩木上可做醒目标志，如挂小彩旗或木桩上涂明亮的颜色，以引起施工人员的注意。施工期间，测量人员应经常到现场，随时随地用测量仪器检查桩点和放线情况，掌握全局，以免挖错（或堆错）位置。

2．土方运输

一般竖向设计都力求土方就地平衡，以减少土方的搬运量。土方运输是较艰巨的劳动，人工运土一般都是短途的小搬运。车运人挑，这在有些局部或小型施工中还经常采用。运输距离较长的，最好使用机械或半机械化运输。不论是哪种运输方式，运输路线的选择都很重要，卸土地点要明确，施工人员随时指点，避免混乱和窝工。如果使用外来土围地堆山，运土车辆应设专人指挥，卸土的位置要准确，乱堆乱卸必然会给下一步施工增加许多不必要的二次搬运，造成人力物力的浪费。

3．土方填筑

填土应该满足工程的质量要求，土壤的质量要根据填方的用途和要求加以选择，在绿化地段的土壤应满足种植植物的要求，而作为建筑用地的土壤则以要求将来地基的稳定为原则。利用外来土壤围土堆山时，对土质应该先验定后放行，劣土及受污染的土壤不应放入园内以免将来影响植物的生长和妨害游人的健康。

大面积填方应该分层填筑，一般每层20~50 cm，有条件的应层层压实。在斜坡上填土，为防止新填土滑落，应先把土坡挖成台阶状，然后再填方。这样可以保证新填土方的稳定。

推土或挑土堆山时，土方的运输路线和下卸地点，应以设计的山头为中心并结合来土方向进行安排，一般以环形为宜。车辆或人满载上山，土卸在路两侧，空载的车（人）沿路线继续前行下山，车（人）不走回头路，不交叉穿行，所以不会顶流拥挤。如果土源有几个来向，运土路线可根据设计地形特点安排几个小环路,小环路的设置以人流车辆不相互干扰为原则。

4．土方压实

人力夯压可用夯、碾等工具,机器碾压可用碾压机或用拖拉机带动的铁碾碾压。小型的夯压机械有内燃夯、蛙式夯等。为保证土壤的压实质量,土壤应该具有最佳含水率。如土壤过分干燥,需先洒水湿润后再行压实。在压实工作中应该注意以下事项。

（1）压实工作必须分层进行。

（2）压实工作要注意均匀压实。

（3）压实松土时夯压工具应先轻后重。

（4）压实工作应自边缘开始逐渐向中间收拢,否则边缘土方外挤易引起坍落。

土方工程的施工面较宽,工程量大,施工组织工作很重要,大规模的工程应根据施工力量和条件决定,工程可全面铺开也可以分区分期进行。施工现场要有人指挥调度,各项工作要有专人负责,以确保工程按期、按计划高质量地完成。

四、土方施工工艺

1．场地平整

场地平整施工的关键是测量,随干随测,最终测量成果应做好书面记录,并在实地测点上标识,作为检查、交验的依据。在填方时应选用符合要求的土料,边坡施工应按填土压实标准进行水平分层回填压实。平整场地后,表面应逐点检查,检查点的间距不宜大于 20 m。平整区域的坡度与设计相差不应超过 0.1%,排水沟坡度与设计要求相差不超过 0.05%,设计无要求时,向排水沟方向作不小于 2%的坡度。

场地平整中常会发生一些质量问题,对于这些施工质量问题我们应该采取相应的措施进行预防。

（1）场地积水。

1）平整前,对整个场地进行系统设计,本着先地下后地上的原则,做排水设施,使整个场地水流畅通。

2）填土应认真分层回填碾压,相对密实度不低于 85%,以防积水渗漏。

（2）填方边坡塌方。

1）根据填方高度、土的种类和工程重要性按设计规定放坡。当填方高度在 10 m 内,宜采用 1∶1.5,高度超过 10 m,可做成折线形,上部为 1∶1.5,下部采用 1∶1.75。

2）土料应符合要求。对于不良土质可随即进行坡面防护,保证边缘部位的压实质量;对要求边坡整平拍实的,可以宽填 0.2 m。

3）在边坡上下部作好排水沟,避免在影响边坡稳定的范围内积水。

（3）填方出现橡皮土。橡皮土是填土受夯打（碾压）后,基土发生颤动,受夯打（碾压）处下陷,四周鼓起,这种土使地基承载力降低,发生变形,长时间不能稳定。

主要预防措施有以下几种。

1）避免在含水率过大的腐殖土、泥炭土、黏土、亚黏土等厚状土上进行回填。

2）控制含水率，尽量使其在最优含水率范围内，手握成团，落地即散。

3）填土区设置排水沟，以排除地表水。

（4）回填土密实度达不到要求。

1）土料不符合要求时，应挖出原土料，换土回填或掺入石灰、碎石等压（夯）实回填材料。

2）对于含水率过大的土层，可采取翻松、晾晒、风干或均匀掺入干土等方式。

3）使用大功率压实机械碾压。

2．基坑开挖

开挖基坑关键在于保护边坡，并控制坑底标高和宽度，防止坑内积水。实际施工中，具体应注意以下四方面。

（1）保护边坡。

1）土质均匀，且地下水位低于基坑底面标高，挖方深度不超过下列规定时，可不放坡、不加支撑；对于密实、中等密实的砂土和碎石类土挖方深度为1m；硬塑、可塑的轻亚黏土及亚黏土挖方深度为1.25m；硬塑、可塑的黏土挖方深度为1.5m；坚硬的黏土挖方深度为2m。

2）土质均匀，且地下水位低于基坑底面标高，挖土深度在5m以内，不加支撑。定额规定高宽比为1：0.33，放坡起点1.5m，实际施工时可参阅表2-4。

表2-4　基坑土类与坡度的关系

土的类别	中密度砂土	中密碎石类土	黏　土	老黄土
坡度（高、宽）	1：1	1：（0.5～0.75）	1：（0.33～0.67）	1：0.10

（2）基坑底部开挖宽度。

基坑底部开挖宽度除基础的宽度外，还必须加上工作面的宽度，不同基础的工作面宽度见表2-5。

表2-5　不同基础的工作面宽度

基础材料	砖基础	毛石、条石基础	混凝土基础支模	基础垂直、面做防水
工作面宽度/mm	200	150	300	800

在原有建筑物邻近挖土，如深度超过原建筑物基础底标高，其挖土坑边与原基础边缘的距离必须大于两坑底高差的1～2倍，并对边坡采取保护措施。机械挖土时，应在基底标高以上保留10cm左右用人工挖平清底。在挖至基坑底时，应会同建设、监理、质安、设计、勘察单位验槽。

（3）基坑排水、降水

1）浅基础或地下水量不大的基坑，在基坑底做成一定的排水坡度，在基坑边一侧、两侧或四周设排水沟，在四角或每30～40m设一个长70～80cm的集水井。排水沟和集水井应在基础轮廓线以外，排水沟底宽不小于0.3m，坡度为0.1%～0.5%，排水沟底应比挖土面低30～50cm，集水井底比排水沟低0.5～1.0m，渗入基坑内的地下水经排水沟汇集于集水井内，用水泵排出坑外。

2）较大的地下构筑物或深基础，在地下水位以下的含水层施工时，采用一般大开口挖土的明沟排水方法，常会遇到大量地下水涌水或较严重的流砂现象，不但使基坑无法控制和保护，而且会造成大量水土流失，影响邻近建筑物的安全。遇此情况一般需用人工降低地下水位。人工降低地下水位，常用井点排水方法。它是沿基坑的四周或一侧埋入深入坑底的井点滤水管或管井，以总管连接抽水，使地下水低于基坑底，以便在无水状态下挖土，不仅可以防止流砂现象或增加边坡稳定，而且便于施工。

（4）质量通病的预防与消除。

1）基坑超挖。基坑开挖应严格控制基底的标高，标桩间的距离宜≤3 m，如超挖，用碎石或低标号混凝土填补。

2）基坑泡水。基坑周围应设排水沟，采用合理的降水方案，如建设单位同意，尽可能采用保守方案，但必须得到签字认可，通过排水、晾晒后夯实即可消除。

3）滑坡。保持边坡有足够的坡度，尽可能避免在坡顶有过多的静、动载。

3．填土

填土施工首先是清理场地，应将基底表面上的树根、垃圾等杂物都清除干净。其次进行土质的检验，检验回填土的质量是否符合规定，以及回填土的含水率是否在控制的范围内。如含水率偏高，可采用翻松、晾晒或均匀掺入干土等措施；如含水率偏低，可采用预先洒水润湿等措施。如果土料符合要求，即可进行分层铺土且分层夯打，每层铺土的厚度应根据土质、密实度要求和机具性能确定。碾压时，轮（夯）迹应相互搭接，防止漏压或漏夯。最后检验密实度和修整找平。

填土施工应注意以下事项。

（1）严格控制回填土选用的土料质量和土的含水率。

（2）填方必须分层铺土压实。

（3）不许在含水率过大的腐殖土、亚黏土、泥炭土、淤泥等原状土上填方。

（4）填方前应对基底的橡皮土进行处理，处理方法是：①翻晒、晾干后进行夯实；②将橡皮土挖除，换上干性土或回填级配砂石；③用干土、生石灰粉、碎石等吸水性强的材料掺入橡皮土中，吸收土中的水分，减少土的含水率。

4．安全施工

施工过程中，施工安全是工程管理中的一个重要内容，是施工人员正常进行施工的保证，是工程质量和工程进度的保证。在施工中要注意以下事项。

（1）挖土方应由上而下分层进行，禁止采用挖空底脚的方法。人工挖基坑、基槽时，应根据土壤性质、湿度及挖掘深度等因素，设置安全边线或土壁支撑，在沟、坑侧边堆积泥土、材料时，距离坑边至少1 m，高度不超过1.5 m。对边坡和支撑应随时检查。

（2）土壁支撑宜选用松木和杉木，不宜采用质脆的杂木。

（3）发现支撑变形应及时加固，加固办法是打紧受力较小部分的木楔或增加立木及横撑木等。如换支撑时，应先加新撑，后拆旧撑。拆除垂直支撑时应按立木或直衬板分段逐步进行，拆除下一段并经回填夯实后再拆上一段。拆除支撑时应由工程技术人员在场指导。

（4）开挖基础、基坑。深度超过1.5 m，不加支撑时，应按土质和深度放坡。不放坡时应采取支撑措施。

（5）基坑开挖时，两个操作间距应大于 2.5m，挖土方不得在巨石的边坡下或贴近未加固的危楼基脚下进行。

（6）重物距坑槽边的安全距离参照表 2-6 执行。工期较长的工程，可用装土草袋或钉铝丝网抹水泥砂浆保护坡度的稳定。

表 2-6　重物距坑槽边的安全距离

重物名称	与槽边距离	说　明
载重汽车	≥3m	
塔式起重机及振动大机械	≥4m	
土方存放	≥1m	堆土高度≤1.5m

（7）上下坑沟应先挖好阶梯，铺设防滑物或支撑靠梯。禁止踩踏支撑上下行。

（8）机械吊运泥土时，应检查工具，以及吊绳是否牢靠。吊钩下不得有人。卸土堆应尽量离开坑边，以免造成塌方。

（9）大量土方回填，必须根据砖墙等结构的坚固程度，确定回填时间、数量。

（10）当采用自卸车运土方时，其道路宽度不少于下列规定：①单车道和循环车道宽度 3.5 m；②双车道宽度 7 m；③单车道会车处宽度不小于 7 m，长度不小于 10 m；④载重汽车的弯道半径，一般应该不小于 15 m，特殊情况应该不小于 10 m。

（11）工地上的沟坑应设有防护，跨过沟槽的道路应有渡桥，渡桥应有牢固的桥板和扶手拉杆，夜间有灯火照明。

（12）使用机械挖土前，应先发出信号，在挖土机推杆旋转范围内，不许进行其他工作。挖掘机装土时，汽车驾驶员必须离开驾驶室，车上不得有人装土。

（13）推土机推土时，禁止驶至边坡和山坡边缘，以防下滑翻车。推土机上坡推土的最大坡度不得大于 25°，下坡时不能超过 35°。

课后思考题

1. 名词解释。

等高线　　土壤容重　　自然倾斜角　　土壤含水率　　竖向设计

2. 比较竖向设计的三种方法的优劣。

3. 影响土方工程量的因素有哪些？

4. 有哪些方法可以用来计算土方工程量？各有何优缺点？

5. 叙述方格网法计算土方工程量的步骤。

6. 在土方施工中如何处理基坑泡水和基坑超挖，以及橡皮土等质量问题。

7. 如何控制土方施工的质量？

8. 在土方施工过程中应如何进行施工安全的控制？

第三章 风景园林给排水工程

风景园林给水与排水工程是城市给排水工程的重要组成部分,随着我国城镇建设的加速发展,绿地面积不断扩展,水资源日益匮乏,风景园林给排水在人们生活中显得越来越重要。

本章结合具体实例,重点介绍风景园林绿地给水特点、风景园林绿地给水管网的布置与计算,风景园林排水的特点、排水的主要方式、排水管网的规划设计,以及主要构筑物、景观喷灌的特点,喷灌系统构成和分类,喷灌系统规划、设计、施工技术要求及管理与维护。

水是人们日常生活中不可缺少的物质,完善的给水工程和排水工程,以及污水处理工程,对风景园林的保护、发展和旅游活动的开展都有决定性的作用。

第一节 风景园林给水工程

一、给水用水分类及要求

公园和其他公共绿地是人们休息、游览的场所,同时又是树木、花草较集中的地方。由于游人活动的需要、植物养护管理及水景用水的补充等,公园绿地的用水量很大。解决园林的用水问题是一项十分重要的工作。

园林绿地中用水主要分为以下几方面。

1.生活用水

生活用水是指饮用、烹饪、洗涤、清洁卫生用水。如餐厅、内部食堂、茶室、小卖部、消毒饮水器及卫生设备等的用水。

2.生产用水

生产用水是指风景园林绿地内植物养护灌溉、动物笼舍的冲洗以及夏季广场园路的喷洒用水等。生产用水对水质要求不高,但用水量大,可直接在池塘、河滨用水泵抽水满足。

3.造景用水

各种水体(溪涧、湖泊、池沼、瀑布、跌水、喷泉等)的用水。

4.消防用水

消防用水对水质没有特殊的要求,为了节省网管投资,消防给水往往与园林生活用水由同一管网供给，发生火灾时可直接从给水网管的消防栓取水，经消防车加压后进行扑救。绿地中的古建筑或主要建筑周围应设消防栓。

绿地中用水除生活用水外，其他用水的水质要求可根据情况适当降低。例如：无害于植物、不污染环境的水都可用于植物灌溉和水景用水的补给，如条件允许，这类用水可取自园内水体；大型喷泉、瀑布用水量较大，可考虑自设水泵循环使用。

风景园林给排水工程的任务就是经济、合理、安全可靠地满足以上四方面的用水需求。

二、给水的特点

由于风景园林绿地中各要素的分布不均匀，加上地形的高低变化，不同功能、内容、设施等对水的要求也不同，给水主要具有以下特点：①园林中用水点较分散；②由于用水点分布于起伏地形，故高程变化大；③水质可根据用途不同分别要求；④用水高峰时间可以错开；⑤饮用水（沏茶用水）的水质要求较高，水质好的山泉为最佳。

三、水源与水质

（一）水源

由于其所在地区的供水情况不同，园林取水方式也各异。给水水源分为两大类：①地表水源，如江、河、湖、水库等，地表水源水量充沛，能满足较大用水量的需求；②地下水源，如泉水、地下水等。在城区的园林，可以直接从就近的城市自来水管引水。在郊区的园林绿地如果没有自来水供应，只能自行设法解决：附近有水质较好的江水、湖水的可以引用江水、湖水；地下水较丰富的地区可自行打井抽水（如北京的颐和园）。近山的园林往往有山泉，引用山泉水是最理想的。取水的方式不同，公园中的给排水系统的基本组成情况也不一样。

（二）水质

园林用水的水质要求因其用途不同而不同。养护用水只要无害于动植物、不污染环境即可。生活用水（特别是饮用水）则必须经过严格净化消毒，水质须符合国家颁布的卫生标准。园林中水根据来源不同分为地表水和地下水两种，其水质差别较大。

1. 地表水

地表水包括江、河、湖、塘和浅井中的水，这些水由于长期暴露于地面，容易受到污染，有时甚至会受到各种污染源的污染，水质较差，必须经过净化和严格消毒，才可作为生活用水。

2. 地下水

一般受形成、埋藏和补给条件的影响，大部分地区的地下水水源不易受污染，水质较好，一般情况下除做了必要的消毒外，不必再净化。

四、生活饮用水的水质标准

生活饮用水的水质应无色、无臭、无味、不浑浊、无有害物质，特别是不含传染病菌。生活饮用水的卫生标准见表 3-1。该标准以感官性状和一般化学指标、毒理学指标、细菌学指标及放射性指标对生活饮用水水质加以控制。

表 3-1　生活饮用水水质标准

序号	指标	项目	标准
1	感官性状和一般化学指标	色	色度不超过 15 度，并不得呈现其他异色
2		浑浊度	不超过 3 度，特殊情况不超过 5 度
3		臭和味	不得有异臭、异味
4		肉眼可见物	不得含有
5		pH	6.5 ~ 8.5
6		总硬度（以碳酸钙计）	450 mg/L
7		铁	0.3 mg/L
8		锰	0.1 mg/L
9		铜	0.1 mg/L
10		锌	0.1 mg/L
11		挥发酚类（以苯酚计）	0.002 mg/L
12		阴离子合成洗涤剂	0.3 mg/L
13		硫酸盐	250 mg/L
14		氯化物	250 mg/L
15		溶解性总固体	1 000 mg/L
16	毒理学指标	氟化物	1.0 mg/L
17		氰化物	0.05 mg/L
18		砷	0.05 mg/L
19		硒	0.01 mg/L
20		汞	0.001 mg/L
21		镉	0.01 mg/L
22		铬（六价）	0.05 mg/L
23		铅	0.05 mg/L
24		银	0.05 mg/L
25		硝酸盐（以氮计）	20 mg/L
26		氯仿	60 μg/L
27		四氯化碳	3 μg/L
28		苯并（a）芘	0.01 μg/L
29		滴滴涕	1 μg/L
30		六六六	5 μg/L
31	细菌学指标	细菌总数	100 个/ml
32		总大肠菌群	3 个/ml
33		游离余氯	在接触 30 min 后应不低于 0.3 m/L，集中式给水除出厂水应符合上述要求外，管网末梢水不应低于 0.05 mg/L
34	放射性指标	总 α 放射性	0.1 Bq/L
35		总 β 放射性	1 Bq/L

五、水源的保护

（1）生活饮用水的水源，必须设置卫生防护地带。

（2）取水点周围半径 100 m 的水域内，严禁捕捞、停靠船只、游泳和从事可能污染水源的任何活动，并由供水单位设置明显的范围标志和严禁事项的告示牌。

（3）取水点上游 1 000 m 至下游 100 m 的水域，不得排入工业废水和生活废水，沿岸防护范围内不得堆放废渣，不得设立有害化学物品仓库和堆栈或装卸垃圾、粪便及有毒物品的码头，不得使用工业废水或生活污水灌溉或施用持久性或剧毒的农药，不得从事放牧等可能污染水源的活动。

（4）将取水点上游 1 000 m 以外的一定范围河段划为水源保护区，严格控制上游污染物排放量。排放污水时应符合《工业企业设计卫生标准》和《地面水环境质量标准》的有关要求。

（5）供生活饮用水的专用水库、湖泊，应视具体情况将整个水体及其沿岸按要求（2）执行。

（6）以地下水为水源时，水井周围 30 m 的范围内，不得设置渗水厕所、渗水坑、粪坑、垃圾堆和废渣堆等污染源。

六、给水系统的组成与布置

取水构筑物：取用天然水源的构筑物（见图 3-1）。

一级泵站：从取水构筑物中取水，并送至净水设施的构筑物。

净水构筑物：使水源净化符合使用要求的设施。

清水池：收集、储备、调节水量的构筑物。

二级泵房：将洁净水池之水送至水塔的加压升水构筑物。

输水管：承担将水由二级泵房运送至水塔的输水管道。

水塔或高位水池：可收集、储存、调节水量或作为水源的蓄水构筑物。

配水管网：将水分配输送至园林内各处的管网。

深水泵站：将深层地下水吸上来的泵站。

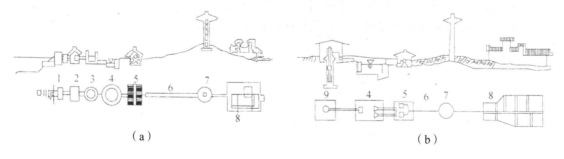

（a）　　　　　　　　　　　　　　　　（b）

图 3-1　给水系统

（a）以地面水为水源的给水系统；（b）以地下水为水源的给水系统

注：1 为取水构筑物，2 为级泵站，3 为净水构筑物，4 为清水池，5 为二级泵房，6 为输水管，7 为水塔或高位水池，8 为配水管网，9 为深水泵站

七、给水管网的布置与计算

由于各地气候条件的差异、绿地类型的不同，加之季节变化，因此使用水量分布不均匀。如北京的冬灌和早春灌溉用水量大，南方夏季灌溉用水量大。给水管网的布置，除要了解园内用水的特点外，公园四周的给水情况也很重要，往往影响管网的布置方式。一般市区小绿地的给水可由一点引入。但对较大型的绿地，特别是地形较复杂的绿地，最好多点引水。

（一）给水管网的基本布置形式和布线要点

1. 给水管网基本布置形式

（1）树状管网。树状管网布置就像树干分枝分杈，如图3-2（a）所示。这种布置方式较简单、省管材。树状管网供水的保证率较差，一旦管网出现问题或需维修时，后面的所有管道就会中断洪水。另外，当管网末端用水量减少，管中水流缓慢甚至会停流，从而造成"死水"，水质易变坏。它适合于用水点较分散的情况。

（2）环状管网。环状管网是把供水管网闭合成环，干管和支管均呈环状布置如图3-2（b）所示。其突出优点是供水安全可靠，管网中无死角，水可以经常沿管网流动，水质不易变坏。但管线总长度大于树状管网，造价高，主要用于对供水连续性要求较高的区域。

在实际工程中，给水管网往往同时存在以上两种布置形式，成为混合管网。在对连续性供水要求较高的地区、地段布置环状管网；而在用水量不大、用水点较分散的地区、地段则用树状管网。

2. 管网的布置要点

（1）干管应靠近主要供水点，保证有足够的水量和水压。

（2）干管应靠近调节设施（如高位水池或水塔）。

（3）在保证不受冻的情况下，干管宜随地形起伏敷设，避开复杂地形和难以施工的地段，以减少土石方工程量。

（4）和其他管道按规定保持一定距离。

（5）干管应尽量埋设于绿地下，避免穿越或设于园路下。

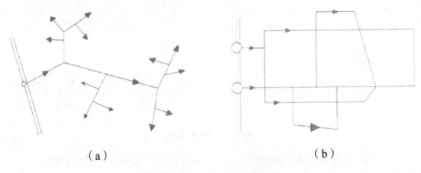

（a）　　　　　　　　　　　　（b）

图3-2　给水管网布置形式

（a）树状管网；（b）环状管网

（二）管网布置的一般规定

1.管道埋深

冰冻地区应埋设于冰冻线以下 10 cm 处。不冻或轻冻地区，覆土深度也不小于 70 cm；管道不宜埋得过深，否则工程造价高；但也不宜过浅，否则管道易遭破坏。

2.阀门及消防栓

给水管网的交点叫节点，在节点上设有阀门等附件，为了检修管理方便，节点处应设阀门井。

阀门除安装在支管和干管的连接处外，为便于检修养护，要求每 500 m 直线距离设一个阀门井。

配水管上安装消防栓，按规定其间距通常为 120 m，且其位置距建筑不得小于 5 m，为了便于消防车补给水，离车行道不大于 2 m。

3.管道材料的选择（包含排水管道，见表 3-2）

大型排水渠道可为砖砌、石砌或预制混凝土装配式等。

表 3-2　管道材料的选择

流动物质	压力 p_g/（kgf/cm²）水温 t/℃	室内或室外	DN 公称管径/mm						
			25	50	80	100	150	200	≥250
给水	$p_g \leqslant 10$ $t \leqslant 50$	室内	白铁管、黑铁管					螺旋缝电焊钢管	
		室外			铸铁管、石棉水泥管				
雨水	无压	室内				铸铁管			
		室外				陶土管			
生产污水		室内			排水铸铁管				
					钢筋混凝土管、混凝土管				
		室外				陶土管、陶瓷管			
生活污水		室内		排水铸铁管、陶土管					
		室外				陶土管、混凝土管			

注：耐酸陶瓷管、混凝土管、钢筋混凝土管、陶土管等管类的管径以内径 d 表示。1 kgf/cm²=9.8×10⁴ Pa。

（三）与给水管网布置计算有关的几个名词及水力学概念

1.用水量标准

进行管网布置时，首先应求出各点的用水量。管网根据各个用水点的需要量供水，公园中各用水点的用水量就是根据或参照这些用水量标准计算出来的，所以用水量标准是给水工程设计的一项基本数据。用水量标准是国家根据各地区城镇的性质、生活水平和习惯、气候、房屋设备以及生产性质等的不同情况而制定的。

2．日变化系数和时变化系数

公园中的用水量，在任何时间都不是固定不变的。一天中，游人数量随着公园的开放和关闭在变化，用水量也随之变化，用水量在一年中又随着季节的冷暖而变化。另外，不同的生活方式对用水量也有影响。

一年中用水最多的一天的用水量称为最高日用水量。最高日用水量与平均日用水量的比值为日变化系数，则有

$$日变化系数 K_d = 最高日用水量/平均日用水量$$

日变化系数 K_d 的值，在城镇一般取 1.2～2.0。在农村由于用水时间很集中，数值偏高，一般取 1.5～3.0。

同样，最高日中用水量最多的一小时的用水量为叫最高时用水量。最高时用水量与平均时用水量的比值，为时变化系数，则有

$$时变化系数 K_h = 最高时用水量/平均时用水量$$

时变化系数 K_h 的值，在城镇通常取 1.3～2.5，在农村则取 5～6。

公园总的各种活动、各种养护工作、服务设施及造景设施的运转基本上都集中在白天进行。以餐厅为例，其服务时间很集中，通常只供应一段时间，如 10:00～14:00，而且在节假日游人最多。因此，用水的日变化系数和时变化系数的数值也比城镇大。在没有统一规定之前，建议 K_d 取 2～3、K_h 取 4～6，当然，K_d、K_h 值的大小和公园的位置、大小、使用性质等均有关系。

将平均日用水量、平均时用水量分别乘以日变化系数 K_d 和时变化系数 K_h，即可求得最高日、最高时用水量。设计管网时必须考虑这个用水量，这样在用水高峰时才能保证水的正常供应。

3．总用水量计算（见表3-3）

根据风景区和园林的发展规划需要，在设计给水管网时，还要结合远期考虑一部分发展用水量和其他用水量。其中包括管道漏水、临时突击用水和未预见用水等。这些水量一般可按最高日用水量的 15%～20% 来计算。

表3-3　逐时用水量表

| 时 间 | 生活用水 | | | | | 园务用水 | | | | 消防 | 逐时用水量 | |
	食堂	茶室	展览室	阅览室	……	植物养护	水景	清洁卫生	……		水量/L	占全天比例/%
0:00～1:00												
1:00～2:00												
2:00～3:00												
3:00～4:00												
……												
23:00～24:00												
总计												

4. 沿线流量、节点流量和管段计算流量

进行给水管网的水力计算，需先求得各管段的线流和节点流量，并以此进一步求得各管段的计算流量，根据计算流量确定相应的管径。

（1）沿线流量。在城市给水管网中，干管沿线接出支管（配水管），而支管的沿线又接出许多接户管将水送到各用户。因为各接户管之间的间距、用水量都不相同，所以配水的实际情况很复杂。沿程既有工厂、学校等大用水户，也有数量很多、用水量小的零散居民户。对干管来说：大用水户是集中泄流，称为集中流量 Q_n；而零散居民户的用水则称为沿程流量 q_s。为了便于计算，可以将繁杂的沿程流量简化为均匀的泄流，从而计算每米管线长度所承担的配水流量，称为长度比流量 q_s，则有

$$q_s = \frac{Q - \sum Q_n}{\sum L}$$

式中，q_s——长度比流量 [L/（s·m）]；

Q——管网供水总流量（L/s）；

$\sum Q_n$——大用水户集中流量总和（L/s）；

$\sum L$——配水管网干管总长度（m）。

（2）节点流量和管段计算流量。计算方法是把不均匀的配水流量简化为便于计算的均匀配水流量。由于管段沿程流量是朝水流方向逐渐减少的，不便于确定管段的管径和进行水头损失计算，因此还须进一步简化，即将管段的均匀沿线流量简化成两个相等的集中流量，这个集中流量集中在计算管段的始、末端输出，称为节点流量。管段总流量包含两部分：一是经简化的节点流量；二是经该管段传输给下一管段的流量，即传输流量。管段的计算流量 Q 可用下式表达，即

$$Q = Q_t + \frac{1}{2} Q_L$$

式中，Q——管段计算流量（L/s）；

Q_t——管段传输流量（L/s）；

Q_L——管段沿线流量（L/s）。

园林绿地的给水管网比城市给水管网要简单得多，园林中用水如取自城市给水管网，则园中给水干管将是城市给水管网中的一根支管，在这根"干管"上只有为数不多的一些用水量相对较多的用水点，沿线不像城镇给水管网那样有许多居民用水点。因此，在进行管段流量的计算时，园中各用水点接水管的流量可视为集中流量，而不需计算干管的比流量。

上式中 Q_L 的计算公式为

$$Q_L = q_s \times L$$

将沿线流量折半作为管段两端的节点流量，因此，节点流量 $Q_j = Q_t + \dfrac{1}{2}\sum Q_L$，即任一节点的流量等于与该节点相连各管段的沿线流量总和的一半。

5. 给水管径的确定

流量是指单位时间内水流流过某管道的量，称为管道流量，其单位一般为 L/s 或 m^3/h。其计算公式为

$$Q = \omega \times \nu$$

式中，Q ——流量（L/s 或 m^3/h）；

ω ——管道断面积（cm^2 或 m^2）；

ν ——流速（m/s）。

给水管网中连接各用水点的管段的管径是根据流量和流速来决定的，由下列公式可以看到三者之间的关系，因为 $\omega = \dfrac{\pi D^2}{4}$（D 为管径，mm），所以

$$D = \sqrt{\frac{4Q}{\pi \nu}} = 1.13\sqrt{\frac{Q}{\nu}}$$

当 Q 不变时，ω 和 ν 互相制约，管径 D 大，管道断面积也大，流速 ν 可小；反之 ν 大，D可小。以同一流量 Q 查水力计算表，可以查出两个甚至四五个管径来。至于哪一个管径最适宜，存在一个经济问题：管径大流速小，水头损失小，但投资也大；而管径小，管材投资节省了，但流速加大，水头损失也随之增加，有时甚至造成管道远端水压不足。因此，选择管段管径时，二者要进行权衡，以确定一个较适宜的流速。此外，这个流速还受当地敷管单价和动力价格总费用的制约，应既不浪费管材、增大投资，又不使水头损失过大。这个流速就叫作经济流速。经济流速可按下列经验数值采用。

小管径 D_g=100 ~ 400 mm，ν 取 0.6 ~ 1.0 m/s；

大管径 D_g>400 mm，ν 取 1.0 ~ 1.4 m/s。

6. 各管段的水头损失设计

（1）沿程损失。计算公式为

$$h_{沿} = i \, L$$

式中，$h_{沿}$——管道的沿程水头损失（mH_2O）（mH_2O、mmH_2O 为非法定计量单位，1 mH_2O= 9 800 Pa，1 mmH_2O=9.8 Pa）；

——计算管道的长度（m）；

——管道单位长度的水头损失（mH_2O/m）。

给水管网的钢管和铸铁管的水头损失计算应遵守下列规定。

ν<1.2 m/s，i=0.000 912（$\nu^2/d^{1.3}$）（1+0.876/ν^2）$^{0.3}$；

ν≥1.2 m/s，i=0.001 07 $\nu^2/d^{1.3}$。

其中，ν 为管内平均水流速度（m/s），d 为管道计算内径（m）。使用上式时，可利用《给水排水手册》中现成的水力计算表，该表按上式编制。

（2）局部损失。一般情况下，局部损失按经验用管段沿程损失的百分数计算。生活给水系统取 25%～30%，生产给水系统取 20%，消防给水系统取 15%，生活-消防给水系统取 25%，生活-生产-消防给水系统取 20%。

沿程水头损失或局部水头损失都可查《给水排水设计手册》有关的图表，而不需要进行详细的计算。

（3）计算格式。在表上选出管径的同时，还可以查得相应的 ν（m/s）和水力坡度（mH_2O/m），即单位长度的水头损失。由此即可计算沿管段的水头损失 $h_沿 = i\,l$（见表3-4）。

表3-4　干管水头损失计算表

管段编号	管长/m	流量 q_g/（L/s）	管径/mm	水力坡度 i/（mH_2O/m）	管段水头损失 h/mH_2O	流速/（m/s）
①～②						
②～③						
总计					$\sum h_沿 =$	

（4）水力计算。

1）在计算时，一般选择园内一个或几个最不利点（即管段消耗水头多，或由于地形及建筑物等要求较高的用水点）。由于水在管道中流动，必须具有一定的水头（高程差）来克服沿途的水头损失，并使水能达到一定高度以满足用水点要求，因此水头损失的计算有两个目的：一是计算不利点间的水头要求；二是校核城市自来水配水管的水压（或水泵扬程）能否满足园内最不利点配水的压力水头的要求。

公园给水管网总引水处所需要的总水压力（或水泵扬程）用下式计算，则有

$$H = H_1 + H_2 + H_3 + H_4$$

式中，H_1——总引水点处与最不利配水点间的地面高程差（m）；

H_2——计算配水点至建筑物进水管的标高差（m）；

H_3——计算配水点前所需流出的水头（水压）值（mH_2O）；

H_4——水管沿程水头损失与局部损失的总和。

H_1 值随阀门类型而定，一般可取 1.5～2 mH_2O。$H_2 + H_3$ 表示计算用水点处的构筑物从地面算起所需的水压值。按构筑物的层数确定从地面算起的最小保证水头值：平房为 10 mH_2O，二层为 12 mH_2O，≥三层每增加一层增加 4 mH_2O，则有

$$H_4 = H_沿 + H_局 = i\,l + H_局$$

此项均可通过《给水干管水力计算表》来计算。

在有条件时，还可考虑一定的富裕水头（如 1～3 mH_2O）。

2）计算结果。

①当 H 大于城市配水管的管压 H_0 不多时，为避免设立局部升压设备而增加投资，可放大某些管径 d_g 进行适当调整，以减少管网的水头损失。

②当 H 小于城市配水管的管压 H_0 较多时，则可充分利用它的管压，在允许限值内适当缩

小某些管段的管径 d_R。

③对公园中较大型的建筑物、古建筑、木结构重点文物，都应有专门的消防措施。一般来说，消防水压不小于 25 m 的水头，则可应对 2～3 层建筑物的火灾。

④低压网消防系统必须保证离泵站最远处的消防龙头具有 10 mH$_2$O 的自由水头。

⑤水泵站内压力损失（包括吸水管、压力管等）可估计为 2～3 mH$_2$O。

例题：花港公园给水管网布置见图 3-3。城市给水管网引水点处水压为 12 mH$_2$O，地面标高为 5.25 m，用水标高为 7.50 m，H_2=5 m，H_3=2.0 mH$_2$O。请验算确定该公园能否直接从城市水厂干管引水供水。

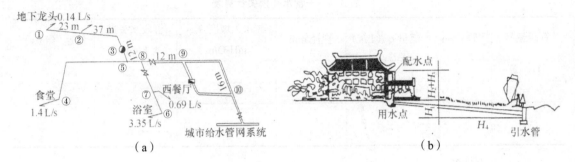

图 3-3　管网计算示意图

（a）管网计算草图；（b）管网水头损失计算剖面图

解：

（1）在绘制的管网计算草图上，标出各管段的长度和分节点的流量（由各建筑物最高时用水量分配表得来）。

（2）再找出最不利点（即用水量最大的分支）并编制干管水力计算表（见表 3-5）。

表 3-5　干管水力计算表

管段编号	管长 L/m	流量 Q/（L/s）	管径 d/mm	1 000 i（mmH$_2$O/m）	H_i=iL/mmH$_2$O	v/（m/s）
①～②	23	0.14	50	—	—	—
②～⑤	49	0.14+2.76=2.90	75	15.70	769	0.67
⑤～⑧	7.5	2.9+1.4=4.3	100	7.63	57	0.56
⑧～⑨	12	4.3+3.35+0.69=8.34	125	8.50	102	0.70
⑨～⑩	16	8.34+1.2=9.54	125	10.60	170	0.76

注：⑨～⑩中 1.2 L 为在⑨～⑩管段的其他用水量。干管沿程水头损失总和 ΣH_i=1.098 mH$_2$O。

局部水头损失为：

1.098×25%=0.275（mH$_2$O）

H_4=1.098-0.275=1.373（mH$_2$O）

H=H_1+H_2+H_3+H_4=（7.5-5.25）+5+2+1.373=10.693（mH$_2$O）

H引压（12 mH$_2$O）>H（10.623 mH$_2$O），所以直接从城市给水干管处接管即可满足配水点用水要求。

这里要指出一点：实际上公用各用水点的用水高峰时间不会在同一时间出现，因此，可以通过合理的安排将几项用水量较大的项目错开，即可挖掘潜力，即使在 $H_{引压} \leqslant 10\ mH_2O$ 时也能满足配水点的要求。另外，还可添设水池、水缸等蓄水设备，以补充高峰时用水量的不足，再诸如喷泉、瀑布之类的水景也可自设水泵循环使用，进一步降低高峰时用水量，从而节约给水工程的投资。

（四）树状管网的计算与设计方法

管网水力计算的目的是根据最高时用水量，确定各段管线的直径和水头损失，然后确定城市给水管网的水压能否满足绿地用水的要求，如绿地给水管网自设水源供水，则需确定水泵扬程及水塔（或高位水池）高度，以保证各用水点有足够的水量和水压。

1．收集分析相关的图纸、资料

图纸、资料主要是风景园林绿地设计图纸、说明书等，据此了解原有或拟建的建筑物、设施等的用途及用水要求、各用水点的高程。

然后根据风景园林绿地所在地附近城市给水管网布置情况，掌握其位置、管径、水压及引用的可能性。如公园（特别是地处郊区的公园）自设设施取水，则需了解水源（如泉等）常年的流量变化、水质优劣等。

2．管网布置

在风景园林绿地设计平面图上，根据用水点分布情况，定出给水干管的位置、走向，并对节点进行编号，量出节点间的长度。

3．求绿地中各用水点的用水量

（1）求某一用水点的最高日用水量 Q_d。计算公式为

$$Q_d = q \times N$$

式中，Q_d——最高日用水量（L/d）；

　　　　——用水量标准（最高日）；

　　　　——游人数（服务对象数目）或用水设施的数目。

（2）求该用水点的最高时用水量 Q_h。计算公式为

$$Q_h = \frac{Q_d K_h}{24}$$

式中，K_h——时变化系数（公园中 K_h 值可取 $4 \sim 6$）。

（3）求设计秒流量 q_0。计算公式为

$$q_0 = \frac{Q_h}{3\ 600}$$

4．各管段管径的确定

根据各用水点所求得的设计秒流量 q_0 及要求的水压，查相关资料以确定连接园内给水干管和用水点之间的管段的管径，还可查得与该管径相应的流速和单位长度的水头损失值（见表3-6）。

表 3-6　钢管水力计算表

流量 (L/s)	管径 d/mm											
	50		75		100		125		150		200	
	流速 v	1 000 i	流速 v	1 000 i	流速 v	1 000 i	流速 v	1 000 i	流速 v	1 000 i	流速 v	1 000 i
0.50	0.26	4.99										
0.70	0.37	9.09										
1.0	0.53	17.3	0.23	2.31								
1.3	0.69	27.9	0.30	3.69								
1.6	0.85	40.9	0.37	5.34	0.21	1.31						
2.0	1.06	61.9	0.46	7.98	0.26	1.94						
2.3	1.22	80.3	0.53	10.3	0.30	2.48						
2.5	1.33	94.9	0.58	11.9	0.32	2.88	0.21	0.966				
2.8	1.48	119	0.60	14.7	0.36	3.52	0.23	1.18				
3.0	1.59	137	0.70	16.7	0.39	3.98	0.25	1.33				
3.3	1.75	165	0.77	19.9	0.43	4.73	0.27	1.57				
3.5	1.86	186	0.81	22.2	0.45	5.26	0.29	1.75	0.20	0.723		
3.8	2.02	219	0.88	25.8	0.49	6.10	0.315	2.03	0.22	0.834		
4.0	2.12	243	0.93	28.4	0.02	6.69	0.33	2.22	0.23	0.909		
4.3	2.28	281	1.00	32.5	0.56	7.63	0.36	2.53	0.25	1.04		
4.5	2.39	308	1.05	35.5	0.58	8.29	0.37	2.74	0.36	1.12		
4.8	2.55	350	1.12	39.8	0.62	9.33	0.40	3.07	0.275	1.26		
5.0	2.65	380	1.16	43.0	0.65	10.0	0.414	3.31	0.286	1.35		
5.3	2.81	427	1.23	48.0	0.69	11.2	0.44	3.68	0.304	1.50		
5.5	2.92	459	1.28	51.7	0.72	12.0	0.455	3.92	0.315	1.60		
5.7	3.02	493	1.33	55.3	0.74	12.7	0.47	4.19	0.33	1.71		
6.0			1.39	61.5	0.78	14.0	0.50	4.60	0.344	1.87		
6.3			1.46	67.8	0.82	15.3	0.52	5.03	0.36	2.08	0.20	0.505
6.7			1.06	76.7	0.87	17.2	0.555	5.62	0.384	2.28	0.215	0.559
7.0			1.63	83.7	0.91	18.6	0.58	6.09	0.40	2.46	0.225	0.605
7.4					0.96	20.7	0.61	6.74	0.424	2.72	0.238	0.668
7.7					1.00	22.2	0.64	7.25	0.44	2.93	0.248	0.718
8.0					1.04	23.9	0.66	7.75	0.46	3.14	0.257	0.765
8.8					1.14	28.5	0.73	9.25	0.505	3.37	0.283	0.908
10.0					1.30	36.5	0.83	11.7	0.57	4.69	0.32	1.13
12.0							0.99	16.4	0.69	6.55	0.39	1.58
15.0							1.24	24.9	0.86	9.88	0.48	2.35
20.0							1.66	44.3	1.15	16.9	0.64	3.97

注：1 000 i 即每千米管长内的水头损失。

风景园林绿地给水网管的布置和水力计算是以各用水点用水时间相同为前提的，即所设计的供水系统在正常情况下都可安全供水。但实际上，不同性质的绿地用水时间并不同步，如植物的浇灌时间最好是早晚，而餐厅的主要供水时间是中午。为更好地保证供水，可把几项用水量较大的用水项目的用水时间错开。另外：餐厅、花圃等用水量较大的用水点可设水池等容水设备，错过用水高峰时间，在平时储水；喷泉、瀑布等水景，可考虑自设水泵循环使用。这样就可以大大降低用水高峰时的用水量，对节省管材和降低成本是很有意义的。

第二节　风景园林排水工程

风景园林排水工程也是风景园林绿地水处理工程，过去的做法只是简单地排放，现在发生了很大的变化。真正排放的是经过处理后的污水当中的渣滓，而废水、污水经过处理、净化又被循环利用。随着社会的进步和科学技术的高速发展，人们利用水和科学处理水的观念都发生了很大的变化。2000 年，在悉尼奥运场馆的设计中，最成功的设计就是对雨水的回收和再利用，回收的雨水经过净化处理，不但可满足运动员洗漱的需要，同时也可以灌溉绿地，不但可以节约水资源，而且可以大大节约成本。我国是严重缺水的国家，尤其北方地区，如果能在风景园林绿地排水的处理方面采取一些行之有效的办法，对保护水资源具有非常重要的意义。

风景园林绿地对水有三种处理方式：①地表水、没有受污染的水可直接排入水体（湖泊、池沼、溪涧、地下水）或土壤；②作为对水质要求较低的行业的用水（供给农业、渔业、水产养殖业）；③循环使用。

对水的循环使用有极其重要的意义：①通过广泛的循环用水，可以较好地解决废水污染环境的问题；②将推动废水的综合利用，从废水、废液中回收原材料；③各工业先进国家几乎都出现水资源不足的现象，循环用水将降低对天然水的需要量；④在某些情况下可节约费用，如采用天然水源的处理费用大于循环用水中的处理费用时，可节约处理费，水源遥远时可节约输水费，同时循环用水免除了废水的无害化处理，也节约了费用。

一、园林排水的特点

（1）主要是排除雨水和少量生活污水。

（2）可利用高低变化的地形排除地表水。

（3）雨水可就近排入园林中水体。

（4）风景园林绿地通常植被丰富，地面水分吸收能力强，地面径流较小，因此，雨水一般采取以地面排除为主、沟渠和管道排除为辅的综合排水方式。

（5）排水设施应尽量结合造景，创造瀑布、跌水、溪流等景观。

（6）排水的同时还要考虑使土壤吸收足够的水分，以利于植物生长，干旱地区尤其应注意保水。

二、园林排水的主要方式

风景园林绿地中基本上有两种排水方式，即地形排水和管渠排水，二者之间以地形排水最为经济。

（一）地形排水

地形排水主要是利用地面的坡度使雨水汇集，再通过设计好的沟、谷、涧等加以引导，排到附近水体或城市的水管网中。地形排水是风景园林绿地排水的主要方式，目前我国大部分风景园林绿地都采用地面排水为主、管渠排水为辅的综合排水方式，如北京颐和园、广州动物园、杭州动物园、上海复兴岛公园等。这种排水方式不仅经济适用，便于维修，而且景观自然。

（二）管渠排水

管渠排水通常指通过明沟、管道、暗沟等设施进行排水的方式。

1．明沟排水

主要是土质明沟，其断面形式有梯形、三角形和自然式浅沟，通常采用梯形断面，沟内可植草种花，也可任其生长杂草。在某些地段根据需要也可采用砖砌、石砌或混凝土明沟，断面形式常采用梯形或矩形（见图3-4）。

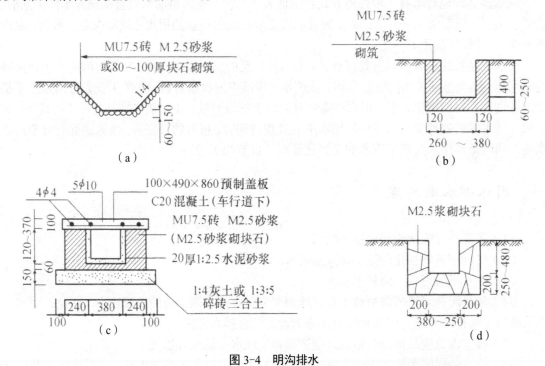

图 3-4　明沟排水

（a）梯形明沟；（b）砖砌明沟；（c）有盖板的明沟；（d）石砌明沟

2．管道排水

在园林中某些场所，如低洼的草地、铺装广场、休息场所、建筑物周围等的积水和污水的排除，需要或只能利用敷设管道的方式进行排水。其优点是不妨碍地面活动，卫生和美观，排水效率高。但造价也高，且检修困难。

3．雨水管渠布置的基本要求

（1）一般规定。

1）最小覆土深度。管道的最小覆土深度应根据雨水井连接管的坡度、冰冻深度和外部荷载情况决定。雨水管道的最小覆土深度一般为 0.5~0.7 m，冰冻地区要在冻土下 0.40 m。

2）最小坡度。雨水管道为无压自流管，只有具有一定的坡度，雨水才能靠自身重力向前流动，而且管径越小所需最小纵坡值越大（见表3-7）。

表 3-7　管渠的最小纵坡

管径/mm	最小纵坡 i
200	0.4%
300	0.33%
350	0.3%
400	0.2%
沟渠	最小纵坡 i
土质明沟	0.2%
砌筑梯形明沟	0.02%

3）最小允许流速。流速过小，不仅影响排水速度，水中杂质也容易沉淀淤积。各种管道在自流条件下的最小允许流速不得小于 0.75 m/s，各种明渠不得小于 0.4 m/s。

4）最大设计流速。流速过大，则会磨损管壁，降低管道的使用年限。各种金属管道的最大设计流速为 10 m/s，非金属管道为 5 m/s。各种明渠的最大设计流速见表3-8。

表 3-8　明渠最大设计流速

明渠类别	最大设计流速/（m/s）
粗沙及贫沙质黏土	0.8
沙质黏土	1.0
黏土	1.2
石灰岩集中砂岩	4.0
草皮护面	1.6
干砌块石	2.0
浆砌块石及浆砌砖	3.0
混凝土	4.0

5）最小管径尺寸及沟槽尺寸。雨水管最小管径一般不小于 150 mm，公园绿地的径流中因携带的泥沙较多，故最小管径尺寸采用 300 mm。梯形明渠为了便于维修和排水通畅，渠底宽度不得小于 300 mm，有时可将明渠做成宽的浅沟，这样既利于排水，又能使排水沟更自然、美观和安全；梯形明渠的边坡坡度，用砖、石或混凝土砌筑时一般为 1∶0.75 ~ 1∶1，土质明沟边坡坡度则视土壤性质而定（见表 3-9）。

表 3-9　梯形明渠的边坡坡度

土　质	边坡坡度
粉沙	1∶3 ~ 1∶3.5
松散的细沙、中沙、粗沙	1∶2 ~ 1∶2.5
细实的细沙、中沙、粗沙	1∶1.5 ~ 1∶2
黏质沙土	1∶1.5 ~ 1∶2
沙质黏土和黏土	1∶1.25 ~ 1∶1.15
砾石土和卵石土	1∶1.25 ~ 1∶1.5
半岩性土	1∶0.5 ~ 1∶1
风化岩石	1∶0.25 ~ 1∶0.5

6）管道材料的选择。排水管道的材料种类一般有铸铁管、钢管、石棉水泥管、陶土管、混凝土管和钢筋混凝土管等。室外雨水的无压排除通常选用陶土管、混凝土管和钢筋混凝土管。

（2）布置要点。尽量利用地表面的坡度汇集雨水，使雨水能按设计要求排到附近水体，以节约管线。当地形坡度大时，雨水干管应布置在地形低的地方。雨水口的布置应考虑到能及时排除附近地面的雨水，不致使雨水漫过路面而影响交通；条件允许时尽量采用分散出水口的布置形式；在冰冻地区，管道应埋在冻土以下 0.40 m，坡度应接近地面坡度。

4. 暗沟排水

暗沟又叫盲沟，是一种地下排水渠道，也叫盲渠。用以排除地下水，降低地下水位。经常应用在要求排水良好的活动场地（如体育活动场、儿童游戏场等）或地下水位过高影响植物种植和开展游园活动的地段。

暗沟排水的优点：用材方便，造价低廉；不需要检查井或雨水井之类的排水构筑物，地面不留"痕迹"，从而保持绿地或其他活动场地的完整性。对于地下水位高的地区，可降低地下水位，对于重盐地区，可采用盲沟排盐。

暗沟的布置和做法如下。

（1）暗沟的布置形式。根据地形及地下水的流动方向而定，可归纳为以下四种。

1）自然式。地势周边高、中间低，地下水向中心部位集中。其地下暗沟系统布置将排水干管设于谷底，支管自由伸向周围的每个山洼以拦截由周围侵入园址的地下水，如图 3-5（a）所示。

2）截流式。四周或一侧较高，地下水来自高地，为防止园外地下水侵入园址，在地下水来的方向一侧设暗沟截流，如图 3-5（b）所示。

3）箆式。表现为山谷形的地势，可在谷底设干管，支管呈鱼骨状向两侧坡地伸展，如图3-5（c）所示。此法排水迅速，适用于低洼地积水较多的地方。

4）耙式。此法适于一面坡的情况，将干管埋设于坡下，支管由一侧接入，形如铁耙，如图3-5（d）所示。

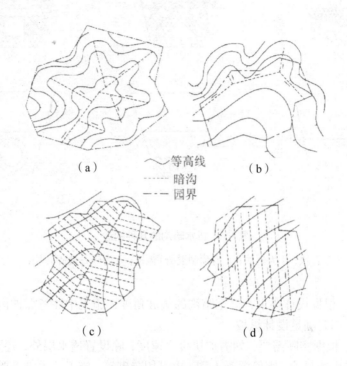

图3-5　暗沟布置的几种形式

（a）自然式；（b）截流式；（c）箆式；（d）耙式

以上四种形式根据地形的实际情况灵活采用，可以单独使用，也可混合布置。

（2）暗沟的埋置深度和间距。暗沟的埋置深度和间距与其排水量及土壤的质地有关。暗沟的埋置深度取决于植物对水位的要求、土壤质地、地面上有无荷载及冰冻破坏的影响，通常为1.2～1.7 m。

暗沟埋置的深度不宜过浅，否则表土中的养分易流走。支管的间距取决于土壤的种类、排水量和排除速度。对排水要求高的场地，应多设支管，支管间距一般为8～24 m。

（3）暗沟沟底纵坡。沟底纵坡不小于0.5；只要地形等条件许可，纵坡坡度应尽可能较大，以利于地下水的排除。

（4）暗沟的构造。因为所采用的透水材料多种多样，所以暗沟类型也多，常用的材料及构造形式如图3-6所示。

（5）暗沟施工。为了保证暗沟施工质量，降低成本，施工通常在地下水位较低的季节（如冬春）进行，其施工过程如下。

1）施工前的测量放线。根据施工图，确定干、支管及节点位置，分别用木桩和灰线标示。

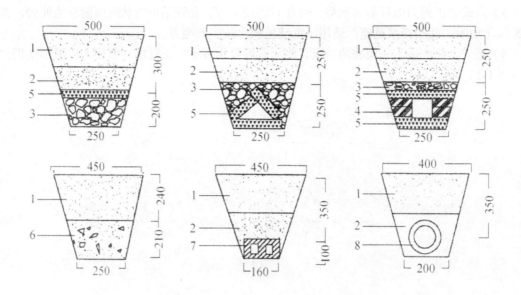

图 3-6 排水暗沟的几种构造

注：1 为土；2 为沙；3 为石块；4 为砖块；5 为预制混凝+盖板；6 为碎石及碎砖块；7 为砖块干叠排水管；8 为陶管 φ 80。

2）开沟挖槽。根据设计要求，确定暗沟的边坡角度，施工中注意保护沟槽壁以防塌落，槽底要平整夯实，同时满足设计纵坡。

3）铺设管渠。根据实际需要，如需加快排水速度，除设置透水层外，还要设置排水渠道。渠道的材料通常采用塑料管、钢筋混凝土管，也可用砖砌筑。施工的关键是要符合设计坡度的要求，绝不能有高低起伏，否则容易造成泥沙淤积、堵塞管道。

4）铺设透水层（过滤层）。暗沟的构造不同，其透水层的构造、材料、施工方法也不同。常用的材料有碎石、碎砖，粒径一般不大于 50 mm。填筑时应分层进行，大粒径放置在下层，小粒径放置在上层，回填时要密实，这样有利于透水层稳固。为了防止上层泥土堵塞透水层孔隙，在上层覆盖土工布，土工布应摆放平稳。

5）回填土方。当土层较厚时，应分层回填，且每层要压实，最上层选用肥沃的种植土，以利于植物生长，最后平整压实。

三、防止地表径流冲刷地面的措施

排水工程是整个风景园林工程中费用较大的工程项目。它由排水管网和污水处理系统两大部分组成。排水体制大体有：完全分流制（用管道分别收集雨水或污水单独自成系统）、半分流制（小雨和大雨的初期雨水同污水合流，雨量增大后，雨水就借助雨污分流并流入河道，一般较脏的初期雨水能得到适当处理）和合流制（只埋设单一的下水系统排除污水和雨水）。排水工程规划首先要估算园林排水量，地面径流量要单独估算。较洁净的废水可由雨水系统排除或重复使用。

地表被冲蚀的原因主要是地表径流（径流是指经土壤或地被物吸收及在空气中蒸发后余下的在地表面流动的那部分天然降水）的流速过大，冲蚀了地表土层。解决这个问题可以从三方面着手。

1．竖向设计应充分考虑排水需求

（1）注意控制地面坡度，使之不至于过陡，如有些地段坡度过大，应采取措施以减少水土流失。

（2）同一坡度（即使坡度不太大）的坡面不宜延续过长，应该有起有伏，以减缓径流速度，同时也可丰富地形的变化，创造出多变的景观地形。

（3）利用盘山道、谷线等拦截和组织排水，防止形成大的径流。

2．充分发挥植物的护坡作用，以创造出多变的植物景观

园林植物（尤其是地被植物）具有很好的吸收、阻碍地表径流的作用，同时还有固土、防止水土流失的作用。植物种类合理配置不但能起到护坡的作用，还可以创造出丰富的植物景观。

3．工程措施

特殊地段由于坡度较陡或坡面过长，前两项措施很难发挥作用，为了更好地防止地表水土流失，则需利用工程措施进行护坡。

（1）"谷方"。地表径流在谷线或山洼处汇集，形成大流速径流，为了防止其对地表的冲刷，在汇水线上布置一些山石，借以减缓水流的冲力，达到降低其流速、保护地表的作用。这些山石就叫"谷方"。作为"谷方"的山石需具有一定体量，且应深埋浅露，如此才能抵挡径流冲击。"谷方"如果布置得自然得当，则可成为优美的山谷景观。雨天流水穿行于"谷方"之间，辗转跌宕又能形成生动有趣的水景（见图3-7）。

图3-7　谷方

（2）挡水石。利用山道边沟排水，在坡度变化较大处，水的流速大，表土土层往往被严重冲刷甚至损坏路基，为了减少冲刷，在台阶两侧或陡坡处置石挡水，这种置石就叫挡水石。挡水石可以本身的形体美或与植物搭配形成很好的小景（见图3-8）。

图 3-8　挡水石

（3）护土筋（见图3-9）。护土筋的作用与"谷方"或挡水石相仿，通常用砖或其他块材成行埋置土中，使之露出地面 3 ~ 5 cm，每隔一定距离（10 ~ 20 m）设置三四道（与道路中线呈一定角度，如鱼骨状排列于道路两侧）。护土筋设置的疏密主要取决于坡度的陡缓。为防止径流冲刷，除采用上述措施外，还可在排水沟沟底用较粗糙的材料堆砌（见图3-10）。

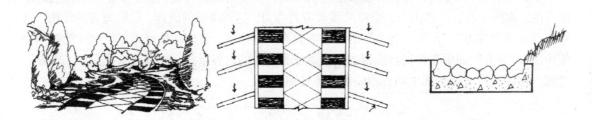

图 3-9　护土筋　　　　　　　　　　　　图 3-10　粗糙材料衬砌的明沟

（4）出水口的处理。园林中利用地面或明渠排水，在排入园内水体时，为了保护岸坡并结合造景，出水口应做适当处理，常见的处理方式有如下两种。

1）"水簸箕"。一种敞口排水槽，槽身的加固可采用三合土、浆砌块石（或砖）或混凝土等材料。排水槽上下口高差大时：可在下口前端设栅栏，起消力和拦污作用；在槽底设置"消力阶"；槽底做成礓磋式；在槽底砌消力块；等等（见图3-11）。

2）埋管排水。利用路面或道路两侧边沟将雨水引至濒水地段或排放点，设雨水口埋管将水排入水体。

四、排水管网附属构筑物

雨水排水管网中常见的附属构筑物有检查井、雨水口和出水口等。

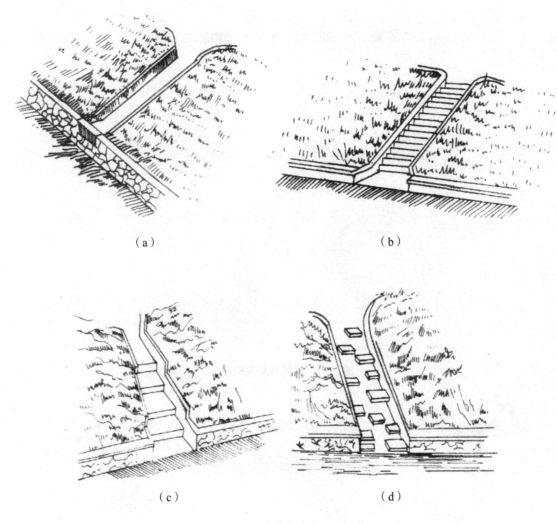

（a）　　　　　　　　　　　　（b）

（c）　　　　　　　　　　　　（d）

图 3-11　不同出水口的处理

（a）栅栏式；（b）礓礤式；（c）消力阶；（d）消力块

1. 检查井

检查井的功能是便于管道维护、人员检查和清理管道，除此之外，它还是管段的连接点。检查井通常设置在管道方向改变的地方，井与井之间的最大间距为 50 m。为了检查和清理方便，相邻检查井之间的管段应在一条直线上。

检查井主要由井基、井底、井身、井盖座和井盖等组成（见图 3-12）。

2. 雨水口

雨水口通常设置在道路边坡或地势低洼处，是雨水排水管道收集地面径流的孔道（见图 3-13）。雨水口设置的间距在直线上一般控制在 30～80 m，它与干管常用的 200 mm 管道连接，其长度不得超过 25 m。雨水口的构造如图 3-14 所示。

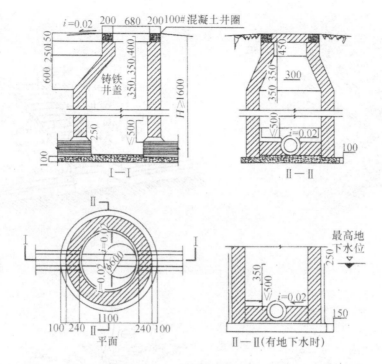

图 3-12　普通检查井构造

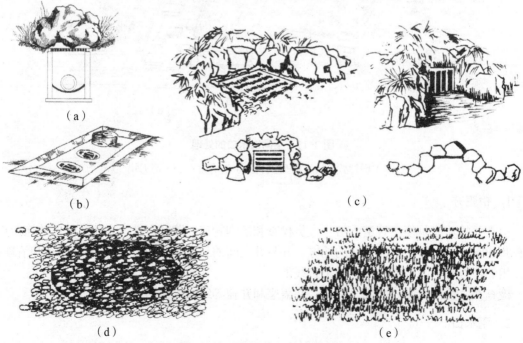

图 3-13　不同雨水口的处理方式

（a）用山石处理雨水口示意图；（b）颐和园雨水口示意图；（c）园路上雨水口两例；

（d）在卵石铺装地面上的井盖；（e）在草坪上的井盖

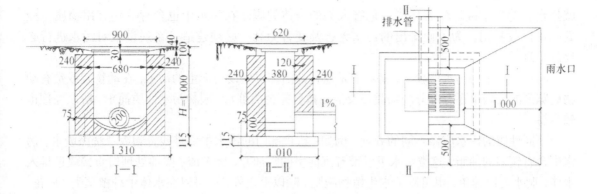

图 3-14　雨水口构造

3. 出水口

出水口是排水管渠排入水体的构筑物，其形式和位置应根据水位、水流方向而定，管渠出水口不要淹没于水中，最好使其露在水面上。为了保护河岸或池壁，在出水口与河道连接部分做护坡或挡土墙。出水口的构造如图 3-15 所示。

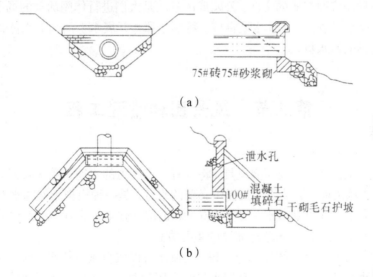

图 3-15　出水口构造

（a）出水口一；（b）出水口二

园林中的雨水口、检查井和出水口，其外观在满足功能需要的同时，应尽量与园林景观充分结合。如在雨水井的箅子或检查井盖上铸（塑）出各种美丽的花纹图案，以山石、植物等材料加以点缀。这些做法在园林中都取得了很好的效果。

五、园林污水的处理

人们在生活中形成污水，这些污水中含有各种各样的有害物质，如不经过处理和消毒就排走，将严重破坏生态环境，危害人们的身体健康。在污水中也含有一些有用物质，经处理可回收利用。为了使排出的污水无害及变害为利，必须建造一系列设施对污水进行必要的处理。

园林中产生的污水量较少，基本上是饮食部门和卫生设备产生的污水，在动物园或带有动物展览区的公园里还有部分动物粪便及清扫禽兽笼舍的脏水。园林污水性质简单，所以处理也较容易。

不同性质的污水应做不同的处理。例如：饮食部门的污水主要是残羹剩饭及洗涤废水，污水中含有较多的油脂，这类污水可设带有沉淀室的隔油井，经沉渣、隔油处理后直接就近排入水体，肥水可以养鱼，也可以给水生植物施肥。除以上之外，还可以在水体中种植藻类、荷花、水浮莲等水生植物，这些水生植物通过光合作用产生大量的氧，溶解于水中，可以为污水的净化创造良好条件，同时也丰富了水景景观。

粪便污水处理则应采用化粪池。污水在化粪池中经沉淀、发酵、沉渣和液体再发酵澄清后，可排入城市污水管。在没有城市污水管的郊区公园或风景区，如污水量不大，可设小型污水处理器或氧化塘对污水进行进一步处理，达到国家规定的排放标准后再排入园内或园外的水体。

我国有不少城镇的郊区用污水进行农田灌溉或养鱼，充分利用了污水中的有机肥，也是生化处理污水的一种经济而有效的方法。公园或风景区是人们进行休闲活动的场所，不仅要求风景优美，而且要求空气清新，水体水质良好，特别是那些开展水上活动的水体，必须严禁未经处理或处理不完善的污水排入。

第三节　风景园林喷灌工程

喷灌是指通过喷灌系统（或喷灌机具）将具有一定压力的水通过喷头喷射到空中，形成水滴状态，洒落在土壤表面，为植物生长提供必要的水分，是一种模拟天然降水对植物提供的控制性灌水。这种灌水方式以其节水、保土、省工和适应性强等诸多优点，得到了人们的普遍重视，逐渐成为园林绿地和运动场草坪灌溉的主要方式。

喷灌系统的布置和给水系统基本上一样，其供水可以取自城市给水系统，也可单独设置水泵解决。喷灌系统的设计要点也是满足用水量和水压的要求，不过对水质要求可稍低，只要无害于植物、不污染土壤和环境的水均可使用。

一、喷灌的优点

1. 提高生长量

喷灌时水以水滴的形式像降雨一样湿润土壤，不破坏土壤结构，为作物生长创造良好的水分条件。由于灌溉水通过各种喷灌设备输送、分配到绿地，都是在有控制的状态下工作的，因此可根据供水条件和作物需水规律进行精确供水。此外，在热风季节采用喷灌可增加空气湿度、降低气温，在早春时可以用喷灌防霜。

2．节约用水量

因为喷灌系统不存在输水损失，能够很好地控制喷灌强度和灌水量，灌水均匀，利用率高。喷灌的灌水均匀度一般可达到 80%～85%。水的有效利用率为 80%以上，比地面灌溉节省30%～50%。对于严重缺水的我国（尤其是国内北方地区），积极推广喷灌是解决水资源缺乏的途径之一。

3．具有很强的适应性

喷灌的一个突出优点是可用于各种类型的土壤和作物，受地形条件的限制小。例如，在沙土地或地形坡度达到 5%的地面等灌溉有困难的地方都可采用喷灌。在地下水位高的地区，地面灌溉使土壤层过湿，易引起土壤盐碱化，用喷灌可调节土层土壤的水分状况。

4．可节省劳动力

由于喷灌系统的机械化程度高，可以大大降低灌水劳动强度，节省大量的劳动力，如各种喷灌机组可以提高工效 20～30 倍。

二、喷嘴的主要缺点

1．受风的影响大

喷灌时刮风会吹走大量水滴，增加水量损失。风力还会改变喷头布水的形状和喷射距离，降低喷灌均匀度，影响灌水质量，故一般在 3～4 级风时停止喷灌。

2．蒸发损失大

由于水喷洒到空中，比地面灌溉的蒸发量大。尤其在干旱季节，空气相对湿度较低，蒸发损失更大，水滴降落在地面之前可以蒸发掉 10%。因此，可以在夜间风力较小时进行喷灌，减少蒸发损失，这样可以获得较好的喷灌效果。

3．可能出现土壤底层湿润不足的问题

在喷灌强度过大、土壤入渗能力低的情况下，会出现土壤表层很湿润而底层湿润不足的问题。采用低强度喷灌，使喷灌强度低于土壤入渗速度，并延长喷灌时间，可使灌溉水充分渗入到下层土壤，且不产生地面积水和径流。

4．前期投资大

建立喷灌系统需要一定数量的设备和材料，基建投资一般高于其他灌溉方法。因此，需要研发和生产经济、耐用、高效的喷灌设备，开发低成本、易普及的喷灌系统，尽可能降低前期投资，为全面推广节水灌溉创造条件。

三、喷灌系统的组成与分类

（一）喷灌系统的组成

喷灌系统通常由水源工程、动力装置、输配水管道系统和喷头等部分组成。

1．水源工程

河流、湖泊、水库、池塘和井泉等都可作为喷灌的水源，都必须修建相应的水源工程，如泵站及附属设施、水量调蓄池和沉淀池等。

2．水泵及配套动力机

水泵将灌溉水从水源点吸提、增压、输送到管道系统。喷灌系统常用的水泵有离心泵、自吸式离心泵、长轴井泵、深井潜水泵等。在有电力供应的地方常用电动机作为水泵的动力机，在用电困难的地方可用柴油机、手扶拖拉机或拖拉机等作为动力机与水泵配套。动力机功率的大小根据水泵的配套要求而定。

3．管道系统

管道系统的作用是将压力水输送到系统中每个喷头底部。通常管道系统有干管和支管两级，在支管上装有用于安装喷头的竖管。在管道系统上装有各种连接和控制的附属配件，包括弯头、三通、接头、闸阀等。为了在灌水的同时施肥，在干管或支管上端还装有肥料注入装置。

4．喷头

喷头是喷灌系统的专用部件，喷头安装在竖管上，或直接安装于支管上。喷头的作用是将压力水通过喷嘴，喷射到空中，在空气的阻力作用下，形成水滴，洒落在土壤表面。

（二）喷灌系统的分类

可按不同的方法对喷灌系统进行分类。

1．按系统获得压力的方式分为机压式和自压式两种

机压式喷灌系统是靠机械加压获得工作压力的；自压式喷灌系统是利用地形的自然落差获得工作压力的。

2．按系统的喷洒特征分为定喷式和行喷式两种

定喷式是喷洒设备（喷头）在一个位置上做定点喷洒；行喷式是喷洒设备在行走移动过程中进行喷洒作业，有时针式和平移自走式。

3．按系统的设备组成分为管道式和机组式两种

管道式喷灌系统是水源与各喷头间由一级或数级压力管道连接，根据管道的可移程度，又

分为固定式、移动式和半固定式。机组式喷灌系统是将喷头、水泵、输水管和行走机构等连成一个可移动的整体，称为喷灌机组或喷灌机。

四、喷头

喷头是喷灌系统最重要的部件，压力水经过它喷射到空中，散成细小水滴并均匀洒落到所控制的灌溉面积土壤上，亦称为喷洒器。喷头可以安装在固定或移动的管路上、行喷机组桁架的输水管上和绞盘式喷灌机的牵引架上，并与其相匹配的机、泵等组成一个完整的喷灌机或喷灌系统。喷头性能的好坏和对它的使用是否妥当，将对整个喷灌系统或喷灌机的喷洒质量、经济性和工作可靠性等起决定性作用。

喷头可按不同的方法进行分类，如按喷头的工作压力或射程、结构形式和喷洒特征等进行分类。

1. 按工作压力或射程分类

按工作压力或射程大小，大体上可以把喷头分为微压喷头、低压喷头（或称近射程喷头）、中压喷头（或称中射程喷头）和高压喷头（或称远射程喷头）四类（见表3-10）。

表3-10　喷头按工作压力与射程分类表

项　　目	微压喷头	低压喷头 （近射程喷头）	中压喷头 （中射程喷头）	高压喷头 （远射程喷头）
工作压力/kPa	<100	100~300	300~500	>500
流量/（cm^3/h）	<0.3	0.3~11	11~40	>40
射程/m	<5	5~20	20~40	>40

2. 按结构形式和喷洒特征分类

按喷头结构形式和喷洒特征，可以把喷头分为旋转式（射流式）喷头、固定式（散水式、漫射式）喷头和喷洒孔管三种。此外还有一种同步脉冲式喷头。

（1）旋转式喷头。旋转式喷头是绕其自身铅垂轴线旋转的一类喷头。它把水流集中成股，在空气的作用下碎裂，边喷洒边旋转。因此，它的射程较远，流量范围大，喷灌强度较低，均匀度较高，是中射程和远射程喷头的基本形式，也是目前国内外使用最广泛的一类喷头。需要注意的是，要控制这类喷头的旋转速度，应安装铅垂，以保证基本匀速转动。

（2）固定式喷头。固定式喷头是指喷洒时其零部件无相对运动的喷头，即其所有结构部件都固定不动。这类喷头在喷洒时，水流在全圆周或部分圆周（扇形）呈膜状向四周散裂。它的特点是结构简单，工作可靠，要求工作压力低（100~200 kPa），故射程较近，距喷头近处喷灌强度比平均喷灌强度大（一般为 15~20 mm/h），一般雾化程度较高，多数喷头喷水量分布不均匀。

根据固定式喷头的结构特点和喷洒特征，它还可以分成折射式、缝隙式和漫射式三种。

（3）喷洒孔管。喷洒孔管又称孔管式喷头，其特点是水流在管道中沿许多等距小孔呈细小水舌状喷射。管道常可利用自身水压使摆动机构绕管轴做 90° 旋转。喷洒孔管一般由一根或几根直径较小的管子组成，在管子的上部布置一列或多列喷水孔，其孔径仅 1～2 mm。根据喷水孔分布形式，又可分为单列和多列喷洒孔管两种。

喷洒孔管结构简单，工作压力比较低，操作方便。但其喷灌强度高，由于喷射水流细小，因此易受风影响，对地形适应性差，管孔容易被堵塞，支管内水压力受地形起伏变化的影响较大，对耕作等有影响，并且投资也较大，故目前大面积推广应用较少，在国内一般仅用于温室、大棚等固定场地的喷灌。

上述各种喷头中，我国目前使用最多的是摇臂式喷头、垂直摇臂式喷头、全射流喷头、折射式喷头等。

五、喷灌的主要技术要求

（一）喷头的结构系数

1. 进水口直径

进水口直径是指喷头空心轴或进水口管道的内径，单位为毫米（mm）。通常竖管内径小，因而流速增加，一般流速应控制在 3～4 m/s，以减少水头损失。决定进水口直径大小时还要考虑结构轻小紧凑等因素。一个喷头的进水口直径确定以后，其过水能力和结构尺寸也大致确定了。

2. 喷嘴直径

喷嘴直径为喷头出水口最小截面直径，指喷嘴流道等截面段的直径，单位为毫米（mm）。喷嘴直径反映喷头在一定的工作压力下通过水流的能力。在压力相同的情况下：一定范围内，喷嘴直径愈大，喷水量也愈大，射程也愈远，但是其雾化程度下降；反之，喷嘴直径愈小，其喷水量愈小，射程也相对较近，但是其雾化程度较好。

3. 喷射仰角

喷射仰角是指射流刚离开喷嘴时水流轴线与水平面的夹角。在工作压力和流量相同的情况下，喷头的喷射仰角是影响射程和喷洒水量的主要参数。选定适宜的喷射仰角可以获得最大的射程，从而可以降低喷灌强度和增大喷灌管道的间距。这样有利于充分利用喷头，扩大其覆盖范围，降低管道式喷灌系统中的管道投资，减少喷头的运行费用。

喷射仰角一般在 20°～30°，大中型喷头大于 20°，小喷头小于 20°，目前我国常用喷头的喷射仰角多为 27°～30°。为了提高抗风能力，有些喷头已采用 21°～25° 的喷射仰角。小于 20° 的喷射仰角，称为低喷射仰角。低喷射仰角喷头一般多用于树下喷灌和微量喷灌。对于特殊用途的喷灌，还可以将喷射仰角选得更小。

（二）技术要求

1. 喷灌强度

单位时间内喷洒在喷灌区域上的水深或单位时间内喷洒在单位喷灌面积上的水量被称为

喷灌强度，喷灌强度的单位常用毫米/小时（mm/h）。计算喷灌强度应大于平均喷灌强度，因为系统喷灌的水不可能没有损失全部喷洒到地面。喷灌时的蒸发、受风后水滴的飘逸和作物茎叶的截留都使实际落到地面的水量减少。

2. 水滴打击强度

水滴打击强度是指单位时间受水面积内水滴对土壤或植物的打击动能。它与喷头喷洒出来的水滴的质量、降落速度和密度（落在单位面积上水滴的数目）有关。由于测量水滴打击强度比较复杂，测量水滴直径也比较困难，因此在使用或设计喷灌系统时多用物化指标法。

3. 喷灌均匀度

喷灌均匀度是指在喷灌面积上水量分布的均匀程度，它是衡量喷灌质量的主要指标之一。它与喷头结构、工作压力、喷头组合形式、喷头间距、喷头转速的均匀性、竖管的倾斜度、地面坡度和风速风向等因素有关。

4. 喷洒水量分布特性

常用水量分布图表示喷洒水量分布特性。水量分布图是指在喷灌范围内的等水深（量）线图，能准确、直观地表示喷头的特性。水量分布特性是影响喷灌均匀度的主要因素。

影响喷头水量分布的因素有很多，其中风的影响较大。一个做全网喷洒的旋转式喷头，如转速均匀，在无风情况下，其水量分布等值线图是一组以喷头为中心的同心圆。通常为了更直观地看到水量分布情况，在互相垂直的两个直径方向，取水量分布等值线图的剖面，给出喷头径向水量分布曲线。

六、喷灌系统规划设计步骤和方法

影响喷灌设计的因素有很多，如风、土壤特性、植物种类、喷灌时间、建筑、树木及其他已固定物、地形变化和经济问题等，这些都是应该综合考虑的因素。在设计喷灌系统时必须考虑已经固定下来的地物。在进行项目设计之前就应在平面图上标注下来。喷头不能在近距离内直接喷向树木或灌丛，因为这可能伤害植物的枝叶。如果建筑物置于喷头喷洒范围之内，不但会浪费水，而且会在地面上形成一个水饱和区域，同时，会使砖或其他石制品龟裂、风化，形成难看的水迹。此外，还应考虑到人行道和产权线的位置。

如果场地内有显著的高差变化，就需要一张地形图。喷灌系统中压力是一个重要的因素，地形变化会带来压力差。压力太小会改变喷洒形式，造成覆盖不完全，有时旋转喷头会不转。过大的压力会使喷头雾化程度过高，导致大量的水在空中损失掉。高差变化大造成的另一个问题是低位喷头排水。当干管阀门关闭后，在低位置的喷头仍在喷洒。直到管内的水排空为止。

喷灌系统规划设计的内容一般包括灌溉地区的勘测调查、喷灌系统选型和规划、水力计算和结构设计。

（一）喷灌地区的勘测调查

进行喷灌系统设计所必需的基本资料有以下五种。

1. 地形资料

1：500～1：2 000 的地形图上应有灌区范围的边界线、现有水源或管线、主要建筑物、构筑物、道路等的位置和植被情况，是水源选择、确定水泵扬程及布置管道的依据。

2. 气象资料

气象资料包括气温、降水、风速风向、空气湿度等与喷灌密切相关的气象资料，主要作为确定需水量和制定灌溉制度的依据，而风速风向资料则是确定水管布置方向和喷灌系统有效工作时间所必需的。

3. 土壤资料

土壤的持水能力和透水性是确定灌水量和喷灌强度的重要依据，喷灌设计应了解土壤的质地、土层厚度、土壤田间持水量和土壤渗吸速度（见表 3-11）等。

表 3-11　几种土壤渗吸速度的近似值

土壤类别	渗吸速度/（mm/h）	
	良好表面	表面板结
粗沙土	20～20	12
细沙土	12～30	10
细沙壤土	12	8
粉壤土	10	7
黏壤土	8	6
黏土	5	2
龟裂的黏土	25	25

4. 水文资料

水文资料主要是了解水源的条件。

5. 植被情况及灌溉经验

了解灌区内各种植物的种类、种植密度，并要重点了解现行的灌溉制度（灌水次数、每次灌水量、灌水时间等），作为初步拟定喷灌灌溉制度的基础。

（二）喷灌系统的选型和规划

设计喷灌系统在完成一系列技术说明之前很难确定造价，不同地区、地形的造价明显不同。对于单位面积的造价，大面积草坪区比小面积混合种植方式的地方要少很多。安装技术与保养问题也应考虑在内。恰当的给水工程能为系统今后的养护节省许多费用。喷灌系统的长期养护管理问题也是设计需考虑的重要方面。喷灌系统的规划设计要经过反复的计算比较，不可能一次就完全确定下来。下面介绍的规划设计的一般步骤，在规划设计中可能要反复多次实施，进行多方比较，并进行必要的测算，最后才能确定整个喷灌方案。

1．喷灌系统的选型

根据当地地形、植被、经济及设备条件，考虑各种形式的喷灌系统的优缺点，选定适当的喷灌系统的形式（见表3-12）。

表3-12　不同形式喷灌系统优缺点比较

形　式		优　点	缺　点
固定式		使用方便，劳动生产率高，省劳力，运行成本低（高压除外），占地少，喷灌质量好	需要的管材多，投资大每亩（约667m² ）200～500元
移动式	带管道	投资少，用管道少，运行成本低，动力便于综合利用，喷灌质量好，占地较少	操作不便，移管子时容易损坏作物
	不带管道	投资最少，每亩（约667 m² ）20～50元，不用管道，移动方便，动力便于综合利用	道路和渠道占地多，一般喷灌质量差
半固定式		投资和利用介于固定式和移动式之间，占地较少，喷灌质量好，运行成本低	操作不便，移管子时容易损坏作物

2．选喷头（或喷灌机）与工作压力

（1）工作压力。根据管道系统的特点、喷灌对象、喷灌质量、投资、占地、可采用的喷头型号及现有设备条件等各方面的要求，综合考虑确定工作压力的大小。

（2）喷头选择。喷头的水力性能应适应植被和土壤的特点，根据植被选择水滴大小（即雾化指标）。还要根据土壤透水性选定喷头，使系统的组合喷灌强度小于土壤的渗吸速度。

水平地面的允许喷灌强度见表3-13第一行数据，而在斜坡地上，水流动的可能性更大，因此喷灌强度应小些。不同坡度和不同土壤减少的数值也不同。

表3-13　坡地上允许喷灌强度的打折系数

坡度/%	沙土	壤土	黏土
0～5	1.00	1.00	1.00
6～8	0.90	0.87	0.77
9～12	0.86	0.83	0.64
13～20	0.82	0.80	0.55
>20	0.75	0.60	0.39

3．喷头的喷洒方式

喷头的喷洒方式有全圆喷洒和扇形喷洒两种。一般在固定式系统、半固定式系统以及移动

式机组中多采用全圆喷洒，全圆喷洒允许喷头有较大的间距，而且喷灌强度低。以下情况要采用扇形喷洒：①固定式喷灌系统的地块边角要做180°、90°或其他角度的扇形喷洒；②在地面坡度比较大的山丘区常需要向坡下做扇形喷洒；③在风较大时做顺风方向扇形喷洒。对于定点喷洒的喷灌系统，存在着个别喷头之间如何组合的问题（喷头组合形式）。在设计射程相同的情况下，喷头组合形式不同，支管和竖管或喷点的间距也就不同。喷头组合的原则是保证喷洒不留空白，并有较高的均匀度。

全圆喷洒的正三角形布置有效控制面积最大，但是在风力影响下，往往不能保证灌水的均匀性，而且常发生漏灌现象。因此在有风时，常考虑缩短管上喷头的间距，其间距的选择应考虑风力的大小和对喷灌均匀度的要求。

R是喷头的设计射程，应小于喷头的最大射程。根据喷灌系统形式、当地的风速、动力的可靠程度等确定一个系数。移动式喷灌系统一般可采用 0.9R。固定式系统由于竖管装好后就无法移动，如有空白就无法补救，故可以考虑采用0.8R，多风地区可采用0.7R。

4. 管道布置

应根据实际地形、水源条件提出几种可能的布置方案，然后进行技术经济比较，在设计中应考虑的基本原则如下。

（1）干管应沿主管坡度方向布置，在地形变化不大的地区，支管应与干管垂直，并尽量沿等高线方向布置。

（2）在经常刮风的地区应尽量使支管与主风向垂直，这样在有风时可以加密支管上的喷头，以补偿由于风造成的喷头横向射程的缩短。

（3）支管不可太长，半固定式系统应便于移动，而且应使支管上首端和末端的压力差不超过工作压力的 20%，以保证喷洒均匀。在地形起伏的地方，干管最好布置在高处，而支管自高处向低处布置，这样支管上的压力就比较均匀。

（4）泵站或主供水点应尽量布置在喷灌系统的中心，以减少输水的水头损失。

（5）喷灌系统应根据轮灌的要求设置适当的控制设备，一般每根支管应装有闸阀。

（三）水力计算和结构设计

1. 设计灌水定额 m

单位面积一次灌水的灌水量称为灌水定额，一般用毫米或立方米表示。设计灌水定额可用下式计算，即

$$m_{设} = 0.0133\ h_g\ P\eta_{水}$$

式中，h_g——作物主要根系活动层的深度，对于乔木一般采用 40 ~ 60 cm；

P——田间最大持水量，以上层体积的百分数表示；

$\eta_{水}$——喷灌水的有效利用系数，一般可选用 0.7 ~ 0.9。

田间最大持水量见表 3-14。

表 3-14　土壤容重和田间持水量

土　壤	容重/（g/cm³）	田间最大持水量	
		重量百分比/%	体积百分比/%
沙土	1.45 ~ 1.60	16 ~ 22	26 ~ 32
沙壤土	1.36 ~ 1.54	22 ~ 30	32 ~ 40
轻壤土	1.40 ~ 1.52	22 ~ 28	30 ~ 36
中壤土	1.38 ~ 1.54	22 ~ 28	30 ~ 35
重壤土	1.38 ~ 1.54	22 ~ 28	32 ~ 42
轻黏土	1.35 ~ 1.44	28 ~ 32	40 ~ 45
中黏土	1.30 ~ 1.45	25 ~ 35	35 ~ 45
重黏土	1.32 ~ 1.40	30 ~ 35	40 ~ 50

2. 喷灌强度校核计算

在确定喷头型号、布置间距后，应校核其组合的灌溉强度，看是否在灌区土壤的允许范围之内。喷头的性能表中给出的单喷头全圆喷洒强度所采用的面积，即此时的控制面积 $S = \pi R^2$。但在特定的喷灌系统中，由于采用的喷灌方式不同，单喷头实际控制面积往往不是以射程为半径的圆面积，组合的喷灌强度须根据喷头的实际覆盖面积另行计算。对于多支管多喷头组合喷灌方式的喷灌强度可按下式计算，即

$$\rho_{系统} = 1\,000 \frac{q}{b\,l}$$

式中，q——个喷头的流量（mmjh）；
　　　b——支管间距（m）；
　　　l——沿支管的喷头间距（m）。

3. 一次灌水所需时间

一次灌水所需时间为

$$t = \frac{m_{设}}{\rho_{系统}}$$

式中，$m_{设}$ 的单位为 mm，$\rho_{系统}$ 的单位为 mm/h。

4. 压力管道的水头损失计算

（1）干管沿程的水头损失计算。干管沿程水头损失可按给水管网的计算方法，根据管道内的流量与所选管径从水力计算表中读出单位管长的水头损失值，最后乘以管道长度，求得全长的沿程水头损失值。

（2）支管沿程的水头损失计算——多口系数。在喷灌系统的支管上，一般都装有若干个竖管、喷头，同时进行喷洒。此时支管每隔一定距离就有部分水量流出，即支管上流量是逐段

减少的。这时可假定支管内流量沿程不变，一直流到管末端，按进口处最大流量计算水头损失（不考虑分流），然后乘以一个多口系数 F 值进行校正（见表 3-15）。

表 3-15　多口系数 F 值（多适用于哈一威公式）

孔口数 N	多口系数 F	
	X=1	X=1/2
2	2.659	0.516
3	0.535	0.442
4	0.486	0.413
5	0.457	0.396
6	0.435	0.385
7	0.425	0.381
8	0.415	0.377
9	0.409	0.374
10	0.402	0.371
11	0.397	0.368
12	0.394	0.366
13	0.391	0.365
14	0.387	0.364
15	0.384	0.363
16	0.382	0.362
17	0.380	0.361
18	0.379	0.361
19	0.377	0.360
20	0.376	0.360
22	0.374	0.359
24	0.372	0.358
26	0.370	0.357
28	0.369	0.357
30	0.368	0.356
35	0.365	0.356
40	0.363	0.355
50	0.361	0.354
100	0.356	0.353

　　使用此表时，应先根据第一个喷头至支管进口的距离和喷头间距计算出 X。如两间距相等，则 X=1；如前者为后者的一半，则 X=1/2。

　　（3）局部水头损失计算。局部水头损失要求精度不太高时，为了避免烦琐的计算，可按沿程水头值的 10% 进行计算。

5．水泵的选择

喷灌系统设计流量应略大于全部同时工作的喷头流量之和。水泵的扬程要考虑喷灌系统中典型喷头的要求。同给水设计的管道计算一样，应选择一个或几个最不利点进行校核。根据喷灌系统设计流量和扬程值，在水泵性能表中选用性能相近的水泵。

6．管道系统的结构设计

要详细确定各级管道的连接方式，选定阀门、三通、弯头等规格。

七、喷灌系统的施工

不同形式的喷灌系统施工的内容不同。移动式喷灌机只需布置水源（井、渠、塘等）的位置——主要是土方工程，而固定式喷灌系统还要进行泵站的施工和管道系统铺设。

在土地已经平整的地区，喷灌系统施工大致可分为以下步骤：定线、挖基坑和管槽、安装水泵和管道、冲洗、试压、回填和试喷。

1．定线

定线就是把设计方案布置到地面上。管道系统应确定干管的轴线位置，弯头、三通、四通、喷点（即竖管）的位置及管槽的深度。

2．挖基坑和管槽

在便于施工的前提下管槽尽量挖得窄些，在接头处挖一较大的坑，管槽的地面就是管子的铺设平面，要开挖平整。基坑、管槽开挖后最好立即浇筑基础、铺设管道，以免长期敞开造成塌方和底土风化，影响施工质量及增加土方工作量。

3．安装水泵和管道

管道安装应注意以下事项。

（1）干管均应埋在当地冰冻层以下，并应根据地面上的机械压力确定最小埋深，管道应有一定的纵向坡度，使管内残留的水能向水泵或干管的最低处汇流，并装排空阀以便在喷灌结束后将管内积水全部排空。

（2）管槽应预先夯实并铺沙过水，以减少不均匀沉陷造成的管内压力。在水流改变方向的地方（弯头、三通）和支管末端应设垫墩以承受水平侧向推力和轴线推力。

（3）塑料管应装有伸缩节以适应温度变形。

（4）安装过程中要始终防止砂石进入管道。

（5）金属管道在铺设之前应进行防锈处理。铺设时如发现防锈层有损伤或脱落情况应及时修补。

水泵安装时要特别注意水泵轴线应与动力机轴线一致。安装完毕后应用间隙测量规检查同心度，吸水管要尽量短而直，接头要严格密封，不可漏气。

4. 冲洗

管子装好后先不装喷头，放水冲洗管道，将竖管敞开任其自由溢流，把管中砂石都冲出来，以免以后堵塞喷头。

5. 试压

将开口部分全部封闭，竖管用堵头封闭，逐段试压。试压的压力应比工作压力大一倍，保持此压力 10～20 min，接头不应有漏水，如发现漏水应及时修补，直至不漏为止。

6. 回填

经试压证明整个系统施工质量符合要求，才可以回填。如管子大、埋深较大，应分层轻轻夯实。采用塑料管应掌握回填时间，最好在气温等于土壤平均温度时进行，以减少温度变形。

7. 试喷

装上喷头进行试喷，必要时还应检查正常工作条件下每个喷点处是否达到喷头的工作压力，用量雨筒测量系统均匀度，看是否能达到设计要求，检查水泵和喷头是否运转正常。最后应绘制地下的管道与管件的实际位置图，以便检修时参考。

课后思考题

1. 风景园林给排水在园林绿地中的作用及意义有哪些？
2. 风景园林给水布置形式、要点及规定有哪些？
3. 风景园林排水的特点及主要方式有哪些？
4. 喷灌系统在风景园林绿地中应用的意义有哪些？
5. 实地参观有代表性的园林给排水系统及喷灌绿地，掌握工程设施。

第四章　水景工程

水景工程是城市景观中与水景相关的工程的总称。它研究怎样利用水体要素营造丰富多彩的园林水景形象，包括水景设计、水景构造与施工等。本章就动水和静水两种形式，分别对水池工程、驳岸与护坡工程、溪流、瀑布、跌水和喷泉工程，从工程原理、工程设计、施工技术等方面进行阐述。

水是环境空间艺术创作的一个要素。西方有句俗语为"水为庭园灵魂"，东方造园则"无水不成园"，由此可见水在造景中的重要性。景观中可借水构成多种格局的园林水景，艺术地再现自然，并用概括和抽象、暗示和象征来启发人们的联想，从而产生特殊的艺术感染力。水在一般状态下为流体，本身没有一定的形状，随着容器改变其形状，所以水与不同的容器搭配会呈现不同的风貌，而自然界中水处在不同的环境下也会展现不同的空间感。因此，在造园中，水是可塑性极强的造园要素之一。

在景观的营建中以水造景及水的应用是不可或缺的。用水造景，使空间动静相补、声色相衬、虚实相映、层次丰富。水除了作为景观中的造景因素之外，还有许多实用功能，园林中的水面可提供水上活动的场所，并具有调节温度和湿度、滋润土壤的功能，又可用来灌溉和防火。

第一节　园林理水艺术

理水，原指中国传统园林的水景处理，现在泛指各类水景处理。理水是为满足人们各种活动需要而人为创造的水空间及其景观艺术工程，理水的发展主要是由理水的功能需求和理水工程技术革新而引起和推动的，它融合了人类的心血和智慧，以水的形、态、声、光、色、影的变化，创造各种形态的水景，产生特殊的艺术效果。现代城市中的水景，除水景自身的景观质量外，更追求水空间能接纳更多的游赏者，水体的观赏价值由单纯的可视性向参与性、自娱性、高刺激性转化。同时，现代的水景营建要结合生态的理念，结合污水处理、雨水资源化等技术，如四川成都府南河活水公园。美国设计师贝茜·达蒙（Betsv Damon）结合府南河整治工程，以生态环境为主题，采用了国际先进的"人工湿地污水处理系统"，将受污染的河水从府南河抽取上来，经过公园的人工湿地系统进行自然生态净化后，变为达标的活水回放河流。因此，成功的园林理水不仅为空间增添无限的生机与活力，还是整个景观建设取得成功的关键。

一、中国传统园林理水

中国传统园林的理水，是对自然山水特征的概括、提炼和再现。自然风景中的江湖、溪涧、瀑布具有不同的形式和特点，为传统理水艺术提供了创作源泉。各类水的形态的表现，在于风景特征的艺术真实；各类水的形态特征的刻画，以及水体的源流、水情的动静、水面的聚分等，在于岸线、岛屿、矶滩的处理和背景环境的衬托。

中国园林的基本形式是自然山水园，"一池三山""山水相依""水随山转，山因水活""地得水而柔，水得地而流"，以及"溪水因山成曲折，山蹊随地作低平"等，都成为中国山水园的基本规律。水的处理跟掇山密不可分，掇山必同时理水，所谓"山脉之通，按其水径；水道之达，理其山形"。大到颐和园的昆明湖，以万寿山相依，小到"一勺之园"也必有山石相衬。水无定形，其形态是由山石、驳岸等来限定的。理水要沟通水，即"疏源之去由，察水之来历"，切忌水出无源，死水一潭。同时，理水也是排泄雨水、防止土壤冲刷、稳固山体和驳岸的重要手段，所以《园冶》一书把池山、涧、曲水、瀑布和埋金鱼缸等都列入"掇山"。中国传统园林理水形成了其独到的章法。

1. 引水入园，挖地成池

中国古代的皇家园林一般气势宏伟，水面较大，必然要求引入江河湖海的天然水系，构建成一个完整的活水系统，以扩大园林水面（见图4-1）。

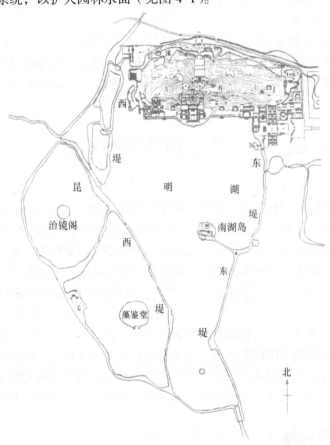

图 4-1　颐和园昆明湖平面图

私家园林内无自然水系，园林理水上则讲究"水意"，挖池堆山，就地取水，甚至取"一勺则江湖万里"的联想与错觉来营造水景（见图4-2、图4-3）。

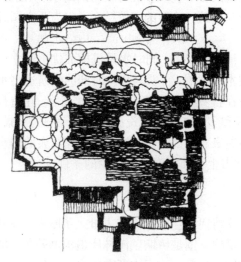

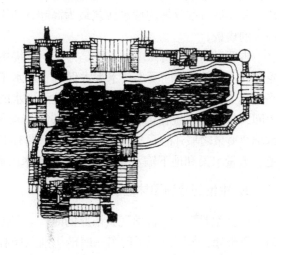

图4-2　留园平面图　　　　　　　　　　图4-3　谐趣园平面图

2．山水相依，崇尚自然

中国传统园林是典型的山水园林，园内有山有水，崇尚自然，设计源于自然，效仿自然，力求营造"虽由人作，宛自天开"的自然景观。

3．"一池三山"的传统模式

自秦代有去东海求仙的史实以来，海中三仙山就以"蓬莱、方丈、瀛洲"之名引入园林之中。西汉长安建章宫太液池、北魏洛阳华林园天渊池、唐代大明宫太液池及以后各个朝代的大型园林中，多有三神山的水景。这种理水的模式沿用至今，象征着人们对理想的追求。

4．寄情山水，寓意人生哲理

亲水乃人之天性，中国有着悠久的水文化，论水、画水之风甚为普遍，因此在水景设计中，设计者们往往取其哲理来表现园林意境。

5．美化功能与实用功能相结合

中国的大多园林水体，尤其是大型水面，不仅用于观赏，同时兼作泛舟、垂钓、掷冰球等游乐活动以及蓄水、操兵、养鱼、生产荷莲等军事和生产之用。

二、西方园林理水

1．西方古代园林理水

古埃及、古巴比伦、古希腊和古罗马都已经具备了较为高超的理水技能。水景工程设于城市广场和道路交叉点处。广置水景为城市景观增色，这种理水形式及手法流传至今。古埃及人很注重花园小气候的调节，水池以矩形为主。古巴比伦的空中花园，具有较高的防水、引水技艺；古希腊与古罗马的理水技艺最为高超，利用水景与建筑、地形的完美结合，成为西方园林理水的模板。

古罗马时期，园林理水主要是为统治者提供避暑消夏的环境，同时水景也构成优美的立体轮廓线。古罗马的混凝土技术大大促进了理水工程技术的发展，古罗马帝国时期的建筑造型水平达到了奴隶制社会的最高峰，因此欧洲理水的发展在古罗马时代经历了第一次高峰。建造台地园，将建筑布置在山坡上，台地上设置华丽的花坛和多功能的理水设施，形成动态的水景。世称"喷泉之城"的罗马，在古代后期已拥有上千座喷泉、数百座公共浴室、工程浩大的输水道、大量水渠和地下输水管道，供水和理水已成为城市生存和发展必不可少的条件。

2. 中世纪欧洲园林理水

中世纪是宗教、哲学气氛浓厚的时代。文化的交流将伊斯兰园林由东方带入了欧洲，在波斯、西班牙、印度出现了闻名一时的伊斯兰园林。隐秘的氛围是伊斯兰园林所追求的效果。墙内往往布置交叉或平行的运河、水渠，以水体来分割园林空间，运河中还有喷泉。著名的阿尔罕布拉宫（Alhambra）在封闭的长方形庭院中以纵长的水渠形成中轴，整齐排列的两排喷泉相对喷射，在空中形成的水柱拱廊晶莹剔透，十分生动，扩大了空间感。

3. 文艺复兴时期意大利园林理水

意大利著名的台地园呈规则式布局，中轴对称，依山就势，分成段级。台地上级为主体建筑，下级多为模纹花坛，由中轴向外形成从规则的水体、植物到自然环境的扩散。理水独具匠心，水阶梯、水池、瀑布、喷泉、壁泉层层跌落，在喷水技巧上大做文章，创造了水剧场、水风琴等具有音响效果的水景。这种充分利用地形起伏和山泉资源营造多级跌落瀑布的意大利台地园风格，后来影响了法国、英国、德国的造园，而且沿用至今（见图4-4）。

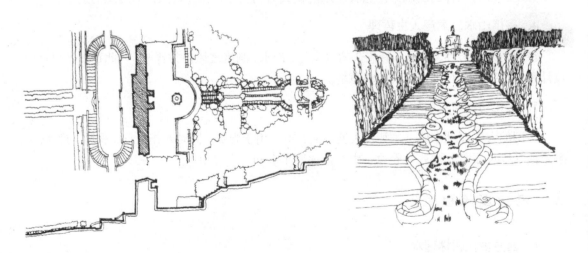

图4-4　西方园林水体的应用

4．法国古典园林理水

　　勒·诺特（Andre Le Notre）是法国古典主义园林的集大成者。在水景创作方面，勒·诺特有意识地应用法国平原上常见的湖泊、河流的形式，以形成镜面水景为主。除了大量形形色色的喷泉外，动水较少，只在缓坡地上做了一些跌水的布置。

　　法国园林中强烈的几何轴线和对称的平面布局，整齐的平面规划，放射状的路网结构，中轴线两侧开阔的林荫草地、图案精美的花坛，多若繁星的喷水池和精致的园林小品，几乎成了法国园林的标志。17～18世纪的法国园林发展了意大利文艺复兴时期的理水艺术，但由于法国多平地、少台地，理水中较少运用跌水瀑布，而喷泉、水壕沟、水镜面和运河等形式为常见的水景处理手法。例如，维康府邸花园（Vaux-le-Vicomre）采用中轴对称的形式，在中轴上布置宏伟的水池喷泉，配以大片草坪和乔灌木，营造了前所未有的宽阔优美的整体气势。除此之外，堪称欧洲之最的凡尔赛花园（Vcrsailles）（见图4-5），采用强烈的轴对称来构图，辽阔的大草原、大群落的树林和强修剪的花木，以及1 400座喷泉、众多雕塑、气势磅礴的水面，使之成为空前绝后的园林水景工程，形成了理水系统工程的雏形。

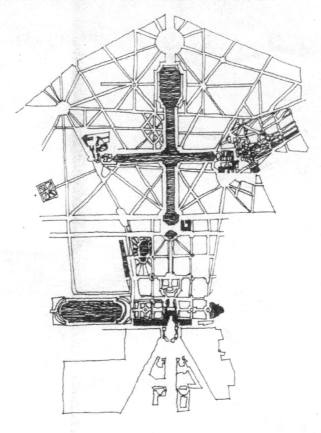

图 4-5　凡尔赛花园平面图

5．英国风景式园林理水

　　18世纪，英国自然式风景园的出现改变了欧洲由规则式园林统治长达千年的园林历史，是西方园林艺术领域内一场极为深刻的革命。英国的浪漫主义风景园与中国山水园在手法上是相似的，但英国园林表现出了其自身的特色，即崇尚自然，景园以植物为主，表现一种森林、草原、牧场风光，全园以疏林草地为主要格调。英国风景式园林中很少做出动水景观，而是以自由流畅的湖岸线、平静的水面、缓坡草地、起伏地形上散置的树木取胜，有着淡泊宁静的特点。

6. 西方现代园林理水

在西方现代园林设计中，最引人注目并且容易理解的就是以现代面貌出现的设计要素。现代社会给予当代设计师的材料与技术手段比以往任何时期都要多。科学的进步使得现代园林及环境设计的设计要素在表现手法上更加宽泛、自由。夸张尺度的水池、瀑布，以及屋顶水池、旱喷技术的应用等，将形与色、动与静、秩序与自由、限定与引导等水的特性和作用发挥得淋漓尽致，既改善了城市小气候，丰富了城市景观，又可供观赏，鼓励人们参与（见图4-6）。

图4-6 适合人们参与的水景设计

三、日本传统园林理水

在日本平安时代就已经出现了以池岛为主题的"水石庭"，即庭前设水池，池中有岛，是按"一池三山"的概念布置而成的。日本自古以来就有"千年的鹤，万年的龟"的说法，故日本池中的三岛习惯称为龟岛、鹤岛和蓬莱岛。

到室町时代，由于禅宗的兴盛，在禅与画的影响下，枯山水式庭园开始发展起来，园内以石组为主要景观，用白沙象征水面和水池，用石组再现瀑布和山峦，用白沙象征湖畔，用线条表示水纹，这种无水而喻有水、无声而借声的理水手法高度艺术地再现了自然。

明治维新以后，西方文化输入，在欧美园林理水艺术的影响下，出现了喷泉、花坛、草坪，产生了多样的庭园、理水工程及小品，并对世界园林理水产生了影响，促进了西方抽象派园林理水艺术的产生与发展。

日本庭园理水的形式主要有潭、溪、泉、湖、池。现代庭园中多用水泵加压供水，或直接采用自来水作水源。不论采用何种供水方式，瀑布的水源出口处必须设专用蓄水池和挡水石块作"藏源"处理。

潭在日本庭园中分为天然的潭和人工的潭，也就是中国庭园中常出现的叠水或瀑布，它是园中不可缺少的构成要素之一。以自然姿态作为最高美的日本庭园，早在平安时代末期，《作庭记》一书就对潭的存在形式作了详细的介绍，如按照潭的落水形式分为向落、片落、传落、离落、系落、重落、左右落、横落、段落、布落、分落、流落等。瀑布往往成为构图中心，即使缺乏水源，也仍设泻瀑的山岩造型，犹如凝固的瀑布或暂时停水的枯山。

流水也是日本庭园中经常可以看到的水景方式，形状十分自由，随地形表现出各种不同的姿态。为了表现池中的水在流动，模仿自然河川，溪流的形完全与自然界相同，特别创造了一种幽谷的溪流景趣。溪流中的庭石较多出现在潭口周围，或溪流中的小岛和转弯处，也有的作为景石，配置形体较大的石组等。其中：转弯处称为立石；溪流中央水面下可见的称为底石；稍微露出水面，有时溪流又越过其上的称为水越石；起分流添景作用的称为波分石；左右分流的称为横石；水中飞石的称为泽飞石；等等。

四、东西方园林水景比较

东方园林崇尚自然，水面往往是重要的设计要素之一。在中国，无论是北方皇家园林还是江南古典私家宅第园林，大多将水面作为必不可少的构图要素，凡条件具备，必引水入园。即使受条件所限，也要以人工方法引水开池，点缀空间环境。"无水不成园""园以水活"反映了水在我国园林中的重要性。中国古典园林中的水体形式主要有湖泊池沼、河流溪涧，以及曲水、瀑布、喷泉等。

深受中国影响的日本园林也极重视水景的创造，即使是结合禅宗发展起来的枯山水也仍不失水的含义，在枯山水中用耙出的水圈或水纹状白沙代表水，用矗立或平卧的石块代表山与岛来象征永恒。

西方园林大多规整，水景布置也采用整形式设计，笔直的水渠水道、几何形的水池、各种喷泉随处可见，多处于庭园中心或正对主体建筑、公园入口等重要位置。在地形起伏较大的意大利台地园中，各种水景依地势高差而建，如兰特庄园（Villa Lante）中的水阶梯。在几何图案式的园林中，地势平坦，适合布置较大的水面，例如：法国凡尔赛花园的中轴长 3 km，其中一半都是"十"字形水渠；美国华盛顿国会大厦前主轴线上的"一"字形水池；印度泰姬陵

（Taj Mahal）前的水池；等等。在英国自然式风景园中，水面则较自然朴素，不事雕琢，单纯追求自然野趣、如画的风景。水法是伊斯兰教园的生命，伊斯兰教园在其呈"田"字形格局的园林中，往往在林荫路交叉处设中心水池，以象征天堂。喷泉是西方园林中应用极为普遍的另一种水法，而且发展到出神入化的地步。

东西方园林都极重视水的利用和水景的创造，但其处理手法不同，这主要是东西方文化渊源分野所致。总体上讲：东方重视意境，手法自然；西方偏重视觉，讲究格局和气势，处处显露出人工造景的痕迹。

第二节　水景设计

水是景观中最活跃、最富于变化的设计要素。水在景观造园上的运用与布置一般要依造景的形式、面积及水源供给情形而定，人工筑造的水景为节约用水多采用循环利用的方式建造。

水景工程是水景设计的重要部分，水景设计的不同形式决定了水景工程要采用不同的处理方式。

一、水的形式和特性

（一）水的形式

自然界中有江河、湖泊、瀑布、溪流和涌泉等自然水景。水景设计中可将水景分为静态水景和动态水景两种。静态水景也称静水，一般指园林中以片状汇聚的水面为景观的水景形式，如湖、池等。动态水景也称动水，是以流动的水体为景观的水景形式，利用水姿、水色、水声来增强其活力和动感，令人振奋，形式主要有流水、落水和喷水三种。流水如溪流、水坡、水道、涧等，多为连续的、有宽窄变化的带状动态水景。落水如瀑布、跌水等，这种水景立面上必须有落水高差的变化；喷水是水受压后向上喷出的一种水景形式，如喷泉等。在水景设计中可以一种形式为主，其他形式为辅，也可将几种形式结合。

水的基本形式也反映了水从源头（喷涌）到过渡（流动或跌落）再到终止（静水）的过程（见图4-7）。在水景设计中可以利用这种运动过程创造水景系列，融不同的水的形式于一体，处理得体则会有一气呵成之感。如美国的劳伦斯·哈普林（Lawrence Halprin）设计的伊拉·凯勒水景广场（Ira Keller Fountain Plaza），分为源头广场、跌水瀑布和大水池以及水中平台三部分。源头的水通过曲折、渐宽的水道流向广场的跌水与大瀑布。跌水为折线形、错落排列。跌水最终形成十分壮观的大瀑布倾泻而下，落入大水池之中，颇具奔流归大海之势，体现了水运动序列的一个完整过程。哈普林的另一个作品旧金山贾斯汀·赫尔曼（Justin Herman）广场上的水景则体现了水的运动过程与雕塑的对比关系（见图4-8）。

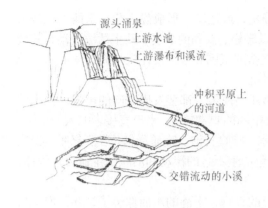

图 4-7　水的基本形式

图 4-8　旧金山贾斯汀·赫尔曼广场

（二）水的特性

1. 水的自然特性

（1）水的可塑性。水是液体，本身没有固定的形状，水形由容器的形状造就而成。丰富多彩的水态取决于容器的大小、形状、色彩、质地和位置，设计水体实际上就是设计容器。

各种池、塘、湖、水道等形状的设计决定了水的形态。如美国景观大师托马斯·丘奇(Thomas Church)设计的唐纳花园（Donnel Garden）中的肾形泳池，流畅的线条及池中的雕塑曲线，与远处海湾的线条相呼应，创造出一种奇特的水体形态（见图 4-9）。

图 4-9　唐纳花园的肾形泳池

（2）水的状态。水受重力及地形的影响，或静止，或运动，形成静水和动水两类。静水宁静安详，能形象地倒映出周围环境的景色，给人以轻松、温和的享受；动水活泼灵动，其缓流、奔腾、坠落、喷涌等运动，令人感受到欢快、兴奋的氛围。水的设计应与周边环境总体设计统一，静处则静，动处则动，表现出不同的情感特征。

（3）水的音响。运动着的水，无论流动、跌落还是撞击，都会发出不同的声响，依水的流量和形式，创造出多种多样的音响效果，丰富室外空间的观赏特性。水声直接影响人的情绪，能使人平静或兴奋。水声包括涓涓细流、断续的滴水、噗噗冒泡、喷涌不息、隆隆怒吼、澎湃冲击或潺潺作声等各种音响效果，使原本静默的景色产生不息的律动和活跃的生命力，因此，水的设计也包含水声的利用。

（4）水的倒影。水能够形象地反映出周围环境的景物，平静的水面像镜子，在镜面上再现周围的景象，而当水面被微风吹拂泛起涟漪时，倒影破碎，色彩斑驳，好似一幅印象派油画。倒影池的设计便利用了这一特色。

2. 水的设计特性

水景设计应充分利用水的各种特性，进行综合考虑。

（1）水本身透明无色，但水流经水坡、水台阶或水墙的表面时，这些构筑物饰面材料的颜色会随着水层的厚度而变化。

（2）宁静的水面具有一定的倒影能力，水面呈现出环境的色彩，倒影的能力与水深、水底和壁岸的颜色深浅有关。水池的池底可用深色的饰面材料增加倒影的效果，也可用质感独特的铺面材料做成图案，如玻璃马赛克、釉面瓷砖等。

（3）急速流动的、喷涌的水因混入空气而呈现白沫，如混气式喷泉喷出的水柱就富含泡沫，而此时空气中最容易出现彩虹。

（4）当水面波动或因水面流淌受阻不均匀而产生湍流时，水面会扭曲倒影或水底图案的形状。

（5）在设计水坡或水墙时，除了色彩外，还要考虑坡面和墙面的质感。表面光滑的质感细腻，水层清澈；表面粗糙的则水面会激起一层薄薄的细碎白沫层（与坡面的倾角有关）。若在坡面上设计几何图案浮雕，则水层与坡面凸出的图案相激会产生很好的视觉效果。

（6）水本身是平淡无奇的，但与周围景物结合，便会表现出或幽远宁静、或热情昂扬、或天真质朴、或灵动飞扬的意境。从这个意义上讲，水的设计是意境的设计。

（7）水石相结合创造的空间宁静、朴素、简洁，现代水景设计中用块石点缀或用组石烘托的例子很多，尤其是日本传统庭园置石方法常被引用到现代水景设计之中，既简朴又极富变化。如日本某公园中的一处水景设计（见图4-10），整个水景由水和石组成，圆形池中央的块石、众石堆叠的石园小溪中的组石与不同形式的水结合，创造出不同的空间。

二、水景设计的基本要素

（一）水的尺度与比例

水面的大小及其与周围环境景观的比例关系是设计中需要慎重考虑的内容，除自然形成的或已具规模的水面外，一般应加以控制。过大的水面散漫、不紧凑，难以组织，而且浪费用地；

过小的水面局促，难以形成气氛。水面的大小是相对的，同样大小的水面在不同的环境中产生的效果可能完全不同。如苏州的怡园与网师园的水面相比，怡园的水面面积虽然要大出约 1/3，但是大而不见其广、长而不见其深，相反地，网师园的水面却显得空旷幽深（见图 4-11）。

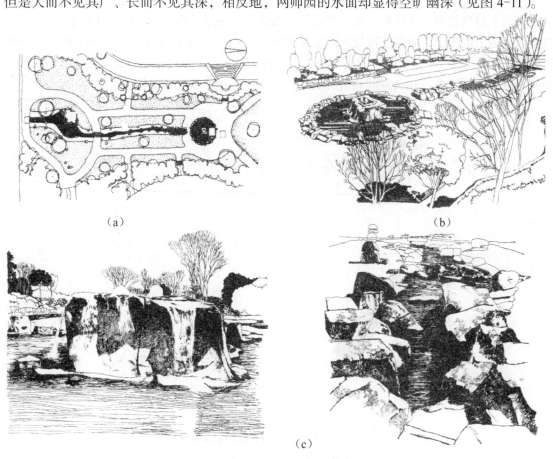

（a）

（b）

（c）

图 4-10　日本某公园水景设计

（a）平面图；（b）水池和溪流部分鸟瞰；（c）效果图

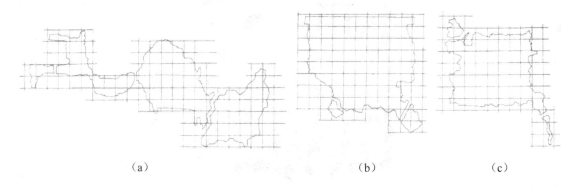

（a）

（b）

（c）

图 4-11　相同比例的水面比较

（a）怡园；（b）艺圃；（c）网师园

（二）水的平面限定和视线

用水面限定空间、划分空间有一种自然形成的感觉，能够使人们的行为和视线在一种较亲切的气氛下得到控制，这比简单地使用墙体、绿篱等生硬地分隔空间、阻挡穿行要略胜一筹。水面是平面上的限定，能保证视觉上的连续和渗透（见图 4-12）。如某公共空间，整个设计环境四周高、中央低，中央水面中设有小平台供各种小型音乐演奏使用，用水面划分出来的水上空间有较强的领域性，观众空间和演奏空间既分又连，十分自然（见图 4-13）。

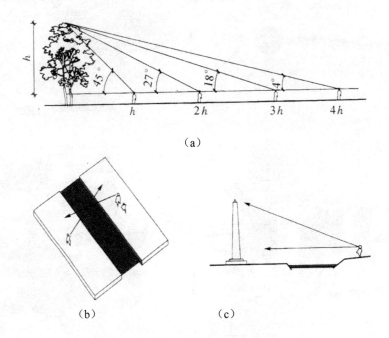

图 4-12　利用水面获得较好的观景条件

（a）视角与景的关系；（b）水面限定了空间但视觉上渗透；（c）控制视距，获得较佳视角

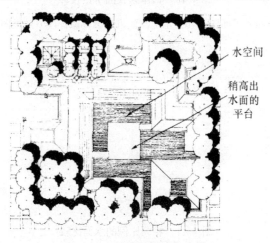

图 4-13　某公共空间的水景

利用水面产生的强迫视距可达到突出或渲染景物的艺术效果。如苏州的环秀山庄，过曲桥后登栈道，上假山，左侧依山，右侧傍水。由于水面限定了视距，使本来并不高的假山增添了几分峻峭之感，这种利用强迫视距获得小中见大的手法在江南私家宅第园林中屡见不鲜（见图4-14）。

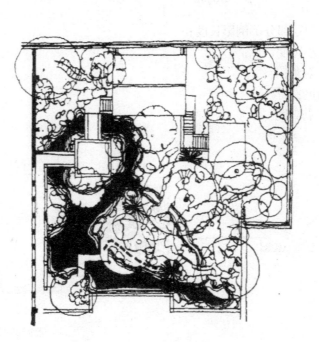

图4-14　利用水面产生强迫视距作用

用水面控制视距、分隔空间还应考虑岸畔或水中景物的倒影：一方面，可以扩大和丰富空间；另一方面，可以使景物的构图更完美（见图4-15）。

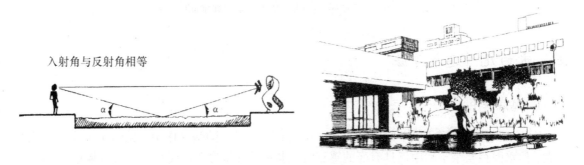

图4-15　利用水面倒影增加园景层次

利用水面创造倒影时，水面的大小应由景物的高度、宽度和希望得到的倒影长度，以及视点的位置和高度等决定。倒影的长度或倒影的大小应从景物、倒影和水面等方面加以综合考虑，视点的位置或视距的大小应满足较佳的视角。如图4-16所示，在视距为 D、视高为 h、池岸高出水面为 h' 的条件下，若要倒影景物（树木），则倒影的长度和水面的最小长度可按下式计算，即

$$l = (\text{H} - \text{H}')(\cot \beta - \cot \alpha)$$

$$L = \text{h}(\cot \beta - \cot \alpha) + 2\text{h}'\cot \beta$$

式中，$\alpha = \arctan \dfrac{H + h + 2h'}{D}$，$\beta = \arctan \dfrac{H' + h + 2h'}{D}$

式中，l——景物（树冠部分）倒影长度；

L——水面最小宽度；

α、β——水面反射角；

H——树木高度；

H'——树冠起点高度。

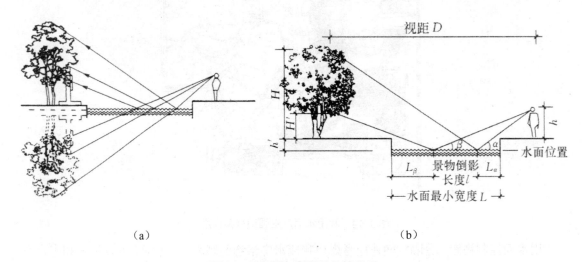

（a）　　　　　　　　　　　　　（b）

图 4-16　视距与倒影的计算关系

（a）水面丰富景物环境；（b）视点、景物和水面的关系

三、水的几种造景手法

1. 基底作用

大面积的水面视域开阔、坦荡，有托浮岸畔和水中景观的基底作用（见图 4-17）。当水面不大，但水面在整个空间中仍具有面的感觉时，水面仍可作为岸畔或水中景物的基底，产生倒影，扩大和丰富空间。

2. 系带作用

水面具有将不同的园林空间、景点连接起来产生整体感的作用。将水作为一种关联因素又具有将散落的景点统一起来的作用，前者为线型系带作用，后者为面型系带作用（见图 4-18）。如扬州瘦西湖的带状水面延绵数千米，一直可达平山堂。在现有公园范围内，众多的景点临水而建，或伸向湖面，或几面环水，整个水面和两侧景点好像一条翡翠项链。

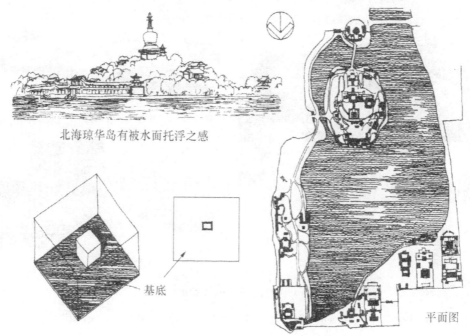

图4-17　水的基底作用

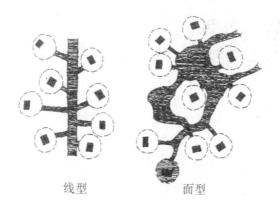

图4-18　水面的系带作用示意图

　　众多零散的景点均以水面为构图要素时，水面起到统一的作用。在苏州拙政园中，众多的景点均以水面为底，许多建筑的题名都反映了与水的关系，如倒影楼、塔影亭、荷风四面亭、香洲、小沧浪、远香堂等都与水有着不可分割的联系（见图4-19）。另外，有的设计并没有大的水面，而只是在不同的空间中重复安排水这一主题，以加强各空间之间的联系（见图4-20）。

　　水还具有将不同形状和大小的水面统一在一个整体之中的能力（见图4-21）。无论是动态的水还是静态的水，当其经过不同形状和大小、位置错落的容器时，由于它们都含有水这一共同而又唯一的因素，因此会产生整体的统一。

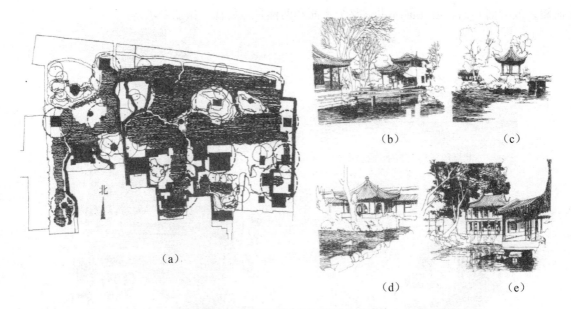

图 4-19　拙政园水面与建筑的关系

（a）拙政园平面图；（b）香洲；（c）荷风四面亭；（d）梧竹幽居；（e）倒影楼

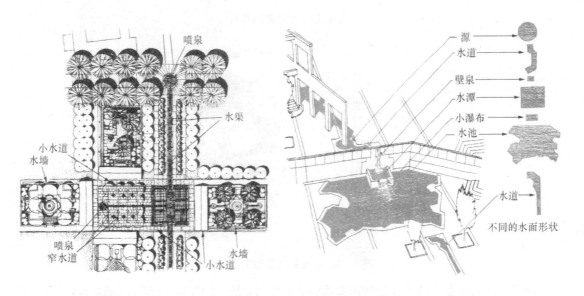

图 4-20　重复使用水题材能加强整个空间的联系　　　图 4-21　水具有统一不同平面要素的能力

3. 焦点作用

　　喷泉、瀑布等动水的形态和声响能引起人们的注意，吸引人们的视线。在设计中除了处理好它们与环境的尺度和比例关系外，还应考虑它们所处的位置。通常将水景安排在向心空间的焦点、轴线的交点、空间的醒目处或视线容易集中的地方，使其突出并成为焦点（见图 4-22、

图 4-23）。可作为焦点布置的水景设计形式有喷泉、瀑布、水帘、水墙、壁泉等。

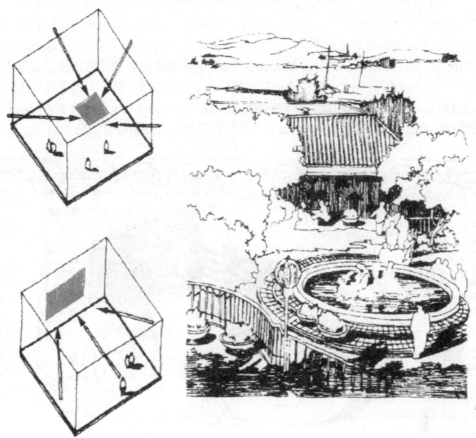

图 4-22　作为焦点的水景安排方式一

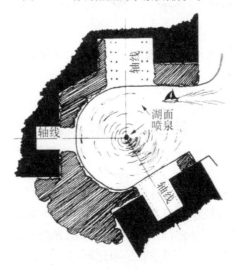

图 4-23　作为焦点的水景安排方式二

4. 整体水环境设计

20世纪60年代，美国的城市公共空间建设中出现了一种以水景贯穿整个设计环境、将各种水景形式融于一体的水景设计手法。它与以往所采用的水景设计手法不同，这种从整体水环境出发的设计手法，开创了一种融改善城市小气候、丰富城市街景和提供多种目的与使用于一体的水景类型。如美国波特兰市演讲堂前广场的伊拉·凯勒水景，堪称美国至今所建的水景中最精彩、最别具匠心的杰作。除此之外，波特兰的爱悦广场（Love-joy Plaza）水景（见图4-24）、明尼阿波利斯的皮维广场（Peavev Plaza）水景等也是整体水环境设计的典型例子。

图4-24 美国波特兰市爱悦广场平面图

第三节 静 水

静水无色而透明，具有安详朴实的特点。在色彩上，静水能映射周围环境的季相变化；风吹之下，可产生微动的波纹或层层的浪花；在光线下，可产生倒影、逆光、反射、折射等，使水面变得波光晶莹、色彩缤纷。一池静水给庭园带来的光韵和动感，确有"半亩方塘一鉴开，天光云影共徘徊"的意境。静水的作用主要是净化环境、划分空间、丰富环境色彩、渲染环境气氛。

一、静水的类型及应用形式

（一）静水的类型

根据静水的形式及做法不同，大体可分为水池和自然式湖塘。

1．水池

水池特指人造的蓄水容体。池的边缘线条挺括分明，池的外形多为几何形。池平面可以是各种各样的几何形，又可做立体几何形的设计，如圆形、方形、长方形、多边形或曲线、曲直线结合的几何形组合。

水池面积相对较小，多取人工水源，因此必须设置进水、溢水和泄水的管线。有的水池还要做循环水设施，除池壁外，池底亦必须人工铺砌，而且池壁、池底要成为一体，水池要求也比较精致。如设计涉水池应考虑安全问题，水深降至 10～30 cm，池底做防滑处理。娱乐休闲用游泳池的水深一般为 0.5～1.5 m，同时，为了安全，接近岸边的水深保持在 20 cm 以内，池底坡势相当于一般排水坡度即可。

2．自然式湖塘

自然式湖塘特指自然或半自然的水体，可以是模仿大自然中的天然湖和池塘的人造的水体。其特点是平面曲折有致，通常由自然的曲线构成，宽窄不一，较适合于自然式园林或大面积园林。虽由人工开凿，却宛若自然天成，无人工痕迹。池面宜有聚有分，大型的水池聚处则水面辽阔，有水乡弥漫之感。视面积大小进行设计，小面积水池聚胜于分，大面积水池则应有聚有分。

自然式湖塘多取天然水源，一般不设上下水管道，面积大，只做四周驳岸处理。湖底一般不加处理或简单处理。

（二）静水常见的应用形式

1．下沉式水池

使局部地面下沉，限定出一个范围明确的低空间，在这个低空间中设水池。这种形式有一种围护感，四周较高，人在水边视线较低，仰望四周，新鲜有趣。

2．台地式水池

与下沉式相反，把开设水池的地面抬高，在其中设池。处于池边台地上的人们有一种居高临下的优越的方位感，视野开阔，趣味盎然，赏水时有一种观看天池一样的感受。

3．室内外渗透连体式（或称嵌入式）水池

通过水体将室内与室外连接成一体，使室内在景观与视线上更为通透，有时也成为入口的标志景观。

4．具有主体造型的水池

这种水池由几个不同高低、不同形状的规则式水池组合而成，可蓄水、种植花木，增加观赏性。

5．使水面平滑下落的滚动式水池

池边有圆形、直线形和斜坡形几种形式。

6．平满式水池

池边与地面平齐，将水蓄满，使人有一种近水和水满欲溢的感觉。

二、水池工程

（一）水池设计

1．水池的形态及其空间界面处理

水池的形态种类众多，其深浅和池壁、池底材料各不相同。要求构图严谨、气氛肃穆庄重时，多用规则方整甚至多个对称水池。为使空间活泼，更显水的变化和深水环境，则用自由布局，复合参差跌落之池。更有在池底或池壁运用嵌画、隐雕、水下彩灯等手法，使水景在工程配合下，在白天和夜间形成更奇妙的景象。

水池有规则严谨的几何式和自由活泼的自然式之分，也有浅盆式（水深≤600 mm）与深水式（水深≥1 000 mm）之别。更有运用节奏韵律的错位式、半岛式与岛式、错落式、池中池式、多边形组合式、圆形组合式、多格式、复合式和拼盘式等。值得一提的是雕塑式，它配上喷泉彩灯，形成水雾、彩霞、露珠，产生彩雾缥缈再现人间仙境的幻境效果。

规则式水池的设置应与周围环境映衬，是在城市环境中运用较多的一种形式，多运用于规则式庭园、城市广场及建筑物的外环境修饰。水池位置应位于建筑物的前方或庭园的中心，作为主要视线上的一种重要点缀物。其特性包括：①池如人造容器，池缘线条坚硬分明；②形状规则，多为几何形，具有现代生活的特质；③适合建筑空间；④映射天空或地面景物，增加景观层次，水面的清洁度、水面深度、人所站立位置的角度决定映射物的清晰程度，水池的长宽依物体大小及映射的面积大小决定，水深映射效果好，水浅则相反；⑤池底可用图案或特别材料与式样来表现视觉趣味。

2．水池的尺寸与规模

水池设计的尺度关系主要包括整个环境和水池的关系、水池中各要素的尺度关系以及人和水池的尺度关系。

水池所处地理位置的风向、风力、空气湿度直接影响水池的面积和形状。喷出的水柱中的水要基本回收到池内，对这部分水还要考虑到水池容积的预留。因此，综合考虑水池设计，池深以 500～1 000 mm 为宜。

水池中各要素的关系是指水池、喷泉、瀑布和小品、雕塑之间的配合能不能保持一个整体关系。这就要求在小环境设计中应做到有主有次，附属设施能很好地衬托主体。

人和水池的尺度关系是指人能否接近水，水景不能可观而不可即。如池岸的高度、水的深度和形式能否满足人的亲水性要求，这是评价水池环境的标准。

（1）水池的平面尺寸。水池的平面尺寸除应满足喷头、管道、水泵、进水口、泄水口、溢水口、吸水坑等布置要求外，还应防止水的飞溅。在设计风速下应保证水滴不至于被大量吹失池外，回落到水面的水流应避免大量溅至池外。因此，水池每边的平面尺寸一般应比计算要求再大 0.5 ~ 1.0 m。

（2）水池的深度。水深一般应按管道、设备的布置要求确定。在设有潜水泵时，还应保证吸水口的淹没深度不小于 0.5 m。在设有水泵吸水口时，应保证吸水喇叭口的淹没深度不小于 0.5 m（见图 4-25）。

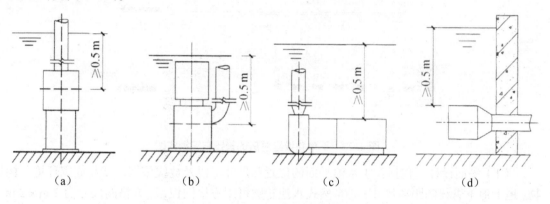

图 4-25　吸水口的安装要求

（a）上吸口立式潜水泵；（b）下出口立式潜水泵；（c）卧式潜水泵设挡板；（d）吸水管口设挡板

为减小水池水深，可采取以下措施。将潜水泵设在集水坑内，但这样会增加结构和施工的工作量，坑内还容易积污，给维护管理增加麻烦。小型潜水泵可直接横卧于池底，但应注意美观。

在吸水口上方应设挡水板，以降低挡水板边沿的流速，防止产生旋涡，但最好是降低吸水口的高度，如采用卧式潜水泵、下吸水潜水泵等。

不论何种形式，池底都应有不小于1%的坡度，坡向泄水口或集水坑。

3．水池设计内容

水池设计的内容包括平面设计、立面设计、剖面设计和管线设计。

水池平面设计主要是使水池平面形态与所在环境的气氛协调统一，建筑和道路的线型特征与视线关系协调统一。水池的平面轮廓要"随曲合方"，即体量与环境相称，轮廓与广场走向、建筑外轮廓相互呼应与联系，要考虑前景、框景和背景的因素。不论规则式、自然式还是混合式的水池，都要力求造型简洁大方且具有个性。

水池平面设计主要显示其平面位置和尺寸，标注池底、池壁顶、进水口、溢水口、泄水口、种植池的高程和所取剖面的位置，设循环水处理设施的水池要注明循环线路及设施要求。图4-26、图 4-27所示为管线布置模式图。

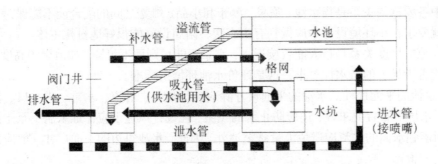

图 4-26 外设水泵房的管线布置模式图

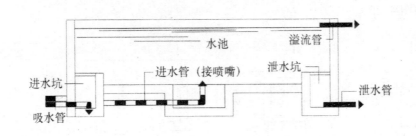

图 4-27 不单独设立泵房的管线布置模式图

（1）平面设计。包括：①水池平面的位置和尺寸，以及放线依据；②与周围环境、构筑物、地上地下管线的距离尺寸；③自然式水池轮廓可用方格网控制,方格网尺寸为 2 m×2 m～10 m×10 m。④周围地形标高与池岸标高、种植池的标高；⑤池岸岸顶标高、岸底标高；⑥池底转折点、池底中心、池底标高、排水方向；⑦进水口、排水口、溢水口的位置、标高；⑧所取剖面的位置；⑨循环水处理的循环线路及设施要求；⑩泵房、泵坑的位置、尺寸、标高。

（2）立面设计。包括：①各立面的高度变化和立面景观；②池壁顶与周围地面合宜的高程关系。

（3）剖面设计。包括：①池岸与池底结构、池底饰面（防护层）、防水层、基础做法（从地基到壁顶各层材料的厚度及具体做法）；②池岸、池底进出水口高程；③池岸与山石、绿地、树木接合部做法；④池底种植水生植物做法。

（4）管线设计。包括：①给排水管线设计；②电气管线设计；③配电装置。

（5）各单项土建工程详图。包括：①泵房；②泵坑；③控制室。

4．水池的附属设施

（1）溢水口。水池设置溢水口的目的在于维持一定的水位和进行表面排污，保持水面清洁。常用的溢水口形式有堰口式、漏斗式、管口式、连通管式等，可根据具体情况进行选择。

大型水池仅设置一个溢水口不能满足要求时，可设若干个，但应均匀布置在水池内。溢水口的位置应不影响美观，且便于清除积污和疏通管道。溢水口应设格栅或格网，以防止较大漂浮物堵塞管道，格栅间隙或格网网格直径应不大于管道直径的 1/4。

（2）泄水口。为了便于清扫、检修和防止停用时水质腐败或结冰，水池应设置泄水口。水池应尽量采用重力泄水，也可将水泵的吸水口兼作泄水口，利用水泵泄水。泄水口的入口应设格栅或格网，格栅间隙或网格直径应不大于管道直径的 1/4 或根据水泵叶轮间隙决定。

（3）水池内的配管。大型水景工程的管道可布置在专用管沟或管廊内。一般水景工程的管道可直接敷设在水池内。为保持每个喷头的水压一致，宜采用环状配管或对称配管，并尽量减少水头损失。每个喷头或每组喷头前宜设有调节水压的阀门，对于高射程喷头，喷头前应尽量保持较长的直线管段或设整流器。

（4）管沟和管廊。大型水景工程由于管道较多，为便于维护检修，宜设专用管沟或管廊。管沟和管廊一般设在水池周围和水池与水泵房之间。在管道很多时，宜设半通行管沟或可通行管廊。管沟和管廊的地面应有不小于 0.5% 的坡度，一般坡向水泵或集水坑。集水坑内宜设水位信号计，以便及时发现管道的漏水情况。管沟和管廊的结构要求与水池相近。

（5）水泵房。水泵房是指安装水泵等提水设备的常用构筑物。在喷泉工程中，凡采用清水离心泵循环供水的都要设置泵房。泵房的形式按照泵房与地面的关系分为地上式泵房、地下式泵房和半地下式泵房三种。

地上式泵房多采用砖混结构，其结构简单，造价低，管理方便，但有时会影响喷泉环境景观，实际中最好和管理用房配合使用，适用于中小型喷泉。泵房的建筑艺术处理很重要。为解决地上或半地下式泵房造型与环境不协调的问题，常采取以下措施：①水泵设在附近建筑物的地下室内；②将水泵或其进出口装饰成花坛、雕塑或壁画的基座、观赏或演出平台等；③将水泵房设计成造景构筑物，如设计成亭台水榭、装饰成跌水陡坎或隐蔽在山崖瀑布的山体内等。

地下式泵房建于地面之下，园林中使用较多，一般采用砖混结构或钢筋混凝土结构，特点是要做特殊的防水处理，有时排水困难，因此会提高造价，但不影响喷泉景观。地下或半地下式泵房应考虑地面排水，地面应有不小于 0.5% 的坡度，坡向集水坑。集水坑设水位信号计和自动排水泵。

泵房内安装有电动机、离心泵、供电与电气控制设备以及管线系统等，图 4-28 所示是一般泵房管线系统示意图。由图可知，与水泵相连的管道有吸水管和出水管。出水管，即喷水池与水泵间的管道，其作用是连接水泵与分水器，其上设置闸阀。为了防止喷水池中的水倒流，需在出水管安装单向阀。分水器的作用是将出水管的压力水合成多个支路再由供水管送到喷水池中供喷水用。为了调节供水的水量和水压，应在每条供水管上安装闸阀。北方地区为了防止管道冻坏，当喷泉停止运行时，必须将供水管内存的水排空。方法是在泵房内供水管最低处设置回水管，接入房内下水池中排除，以截止阀控制。

（6）补水池或补水箱。为向水池充水和维持水量平衡，需要设置补水池（箱）。在池（箱）内设水位控制器（杠杆式浮球阀、液压式水位控制器等），保持水位稳定。在水池与补水池（箱）之间用管道连通，使两者水位维持相同。

补水池（箱）可设在水池附近，也可设在水泵房内。水位控制器和连通管的通水能力，应根据水池容积和允许充水的时间计算确定。补水池（箱）的容积确定以便于安装和检修水位控制器为准。补充水为自来水时，应防止自来水管道被倒流污染，因此，补水口与水池（箱）水面应保持一定的空气隔断间隙。在利用水池的构造隐蔽水位控制器且便于维修时，也可不设补水池（箱），而将水位控制器直接装在水池内。

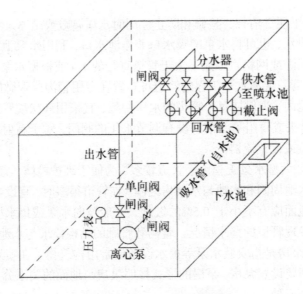

图 4-28　泵房管线系统示意图

（二）水池构造

因水池所在地的气候、基址的地质、水池的大小和建筑材料的不同，所以水池的构造不同。水池从结构上可分为刚性结构水池、柔性结构水池和临时简易水池三种。具体可根据功能的需要适当选用。

1. 刚性结构水池

刚性结构水池也称钢筋混凝土水池，特点是池底池壁均配钢筋，因此寿命长、防漏性好，适用于大部分水池。

（1）砖石结构水池。小型和临时性水池可采用砖结构，但要做素混凝土基础，用防水砂浆砌筑和抹面。这种结构造价低廉、施工简单，但抹面易裂纹甚至脱落，尤其是在寒冷地区，经几次冻融就会出现漏水的情况。为防止漏水，可在池内再浇一层防水混凝土，然后用水泥砂浆找平。进一步提高要求可再在砖壁和防水混凝土之间设一层柔性防水层（见图4-29）。

（2）钢筋混凝土结构水池。大中型水池最常采用的是现浇混凝土结构。为保证不漏水，宜采用水工混凝土，为防止裂缝，应适当配置钢筋（见图4-30、图4-31）。大型水池还应考虑适当的伸缩缝和沉降缝，这些构造缝应设止水带或用柔性防漏材料填塞。水池与管沟、水泵房等相连处，也宜设沉降缝并同样进行防漏处理。

2. 柔性结构水池

随着新型建筑材料的出现，特别是各式各样的柔性衬垫薄膜材料的应用，水池的结构出现了柔性结构，使水池的建造产生了新的飞跃。实际上水池只加厚混凝土和加粗加密钢筋网是不可取的，尤其对于北方地区水池的渗漏冻害，用柔性不渗水的材料做水池防水层更好。目前，在水池工程中使用的有玻璃布沥青席水池、三元乙丙橡胶（EPDM）薄膜水池、再生橡胶薄膜水池、油毛毡（二毡三油）防水层水池等。

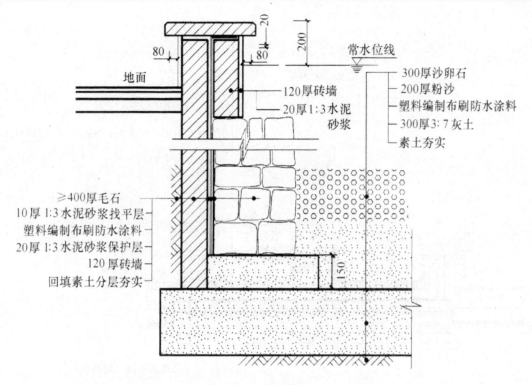

图 4-29　砖石结构水池

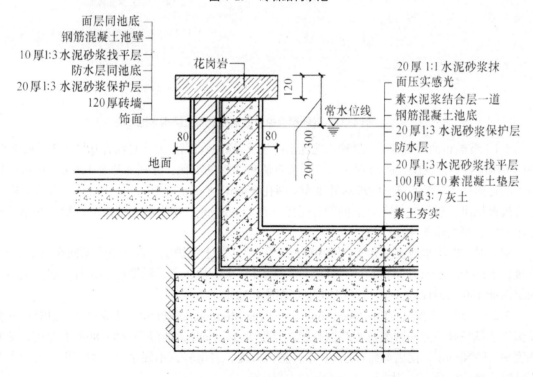

图 4-30　钢筋混凝土结构水池

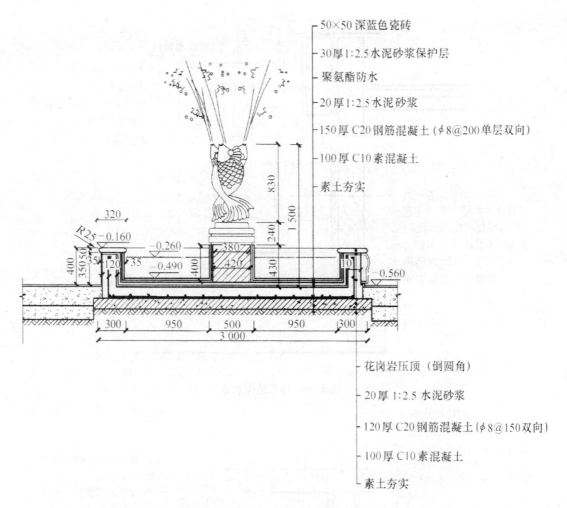

图 4-31　以雕塑为中心的钢筋混凝土结构水池

（1）玻璃布沥青席水池。这种水池施工前先准备好沥青席。方法是沥青 0 号和 3 号按 2∶1 的比例调配好，按调配好的沥青 30%、石灰石矿粉 70% 的配比，分别加热至 100℃，再将矿粉加入沥青锅拌匀，把准备好的玻璃纤维布（网孔 8 mm × 8 mm 或 10 mm × 10 mm）放入锅内蘸匀后慢慢拉出，确保黏结在布上的沥青层厚度在 2 ~ 3 mm，拉出后立即撒滑石粉，并用机械碾压密实，每块席长 40 m 左右。

施工时，先将水池土基夯实，铺 300 mm 厚 3∶7 灰土保护层，再将沥青席铺在灰土层上，搭接长 50 ~ 100 mm，同时用火焰喷灯焊牢，端部用大石块压紧，随即铺小碎石一层。最后在表层撒铺 150 ~ 200 mm 厚卵石一层即可（见图 4-32）。

（2）三元乙丙橡胶（Ethylene Propylene Dlene Monomer，EPDM）薄膜水池。EPDM 薄膜类似于丁基橡胶，是一种黑色柔性橡胶膜，厚度为 3 ~ 5 mm，能经受 -40 ~ 80℃ 的温度，扯断强度 > 7.35 N/mm^2，使用寿命可达 50 年，施工方便，自重轻，不漏水，特别适用于大型展览用临时水池和屋顶花园用水池。

建造 EPDM 薄膜水池，要注意衬垫薄膜与池底之间必须铺设一层保护垫层，材料可以是细沙（厚度≥5cm）、废报纸、旧地毯或合成纤维。薄膜的需要量可视水池面积而定，需注意薄膜的宽度（包括池沿）保持在30 cm以上。铺设时，先在池底混凝土基层上均匀地铺一层沙子，并洒水使沙子湿润，然后在整个池中铺上保护材料，之后就可铺EPDM衬垫薄膜了，注意薄膜四周至少多出池边15 cm。如是屋顶花园水池或临时性水池，可直接在池底铺沙子和保护层，再铺EPDM薄膜即可（见图4-33）。

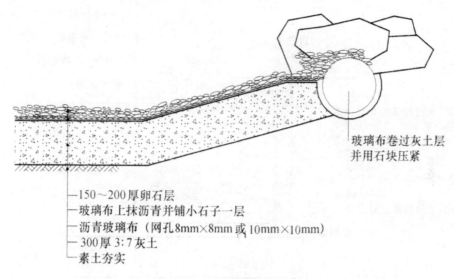

玻璃布卷过灰土层
并用石块压紧

——150～200厚卵石层
——玻璃布上抹沥青并铺小石子一层
——沥青玻璃布（网孔8mm×8mm或10mm×10mm）
——300厚3:7灰土
——素土夯实

图 4-32　玻璃布沥青席水池结构

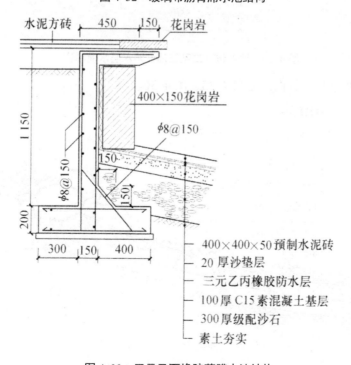

水泥方砖　　450　150　花岗岩

400×150花岗岩

φ8@150

φ8@150

150

200

300　150　400

——400×400×50预制水泥砖
——20厚沙垫层
——三元乙丙橡胶防水层
——100厚C15素混凝土基层
——300厚级配沙石
——素土夯实

图 4-33　三元乙丙橡胶薄膜水池结构

（3）再生橡胶薄膜水池。为使柔性水池降低造价和对旧橡胶再生利用，继三元乙丙橡胶薄膜之后，又出现了再生橡胶薄膜，这种新材料已用于北京长城饭店庭院水池的施工中，效果良好。

（4）油毛毡（二毡三油）防水层水池。其结构和做法见图4-34。

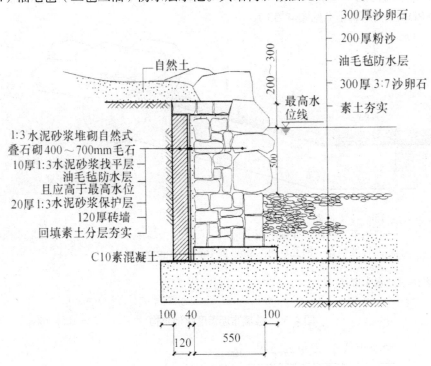

图4-34　油毛毡（二毡三油）防水层水池结构

（5）其他常见水池。其做法见图4-35、图4-36。

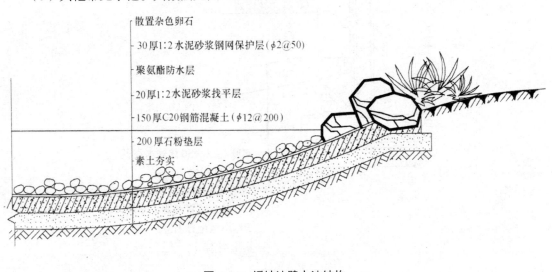

图4-35　缓坡池壁水池结构

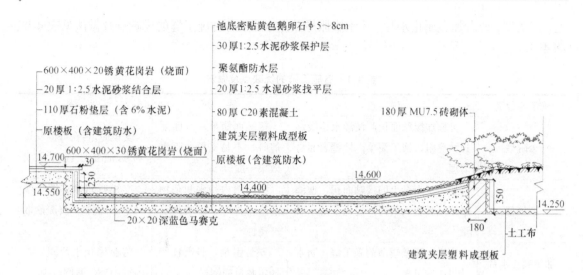

图 4-36　建筑屋顶水池结构

（三）水池施工技术

水池施工技术包括池底施工技术和池壁施工技术两方面。

1. 池底施工技术

池底的计划面应在霜作用线以下，如土壤为排水不良的黏土或地下水位甚高时，在池底基础下及池壁之后应放置碎石，并埋 10 cm 直径土管，将地下水导出，管线的倾斜度为 1% ~ 2%。池宽在 1 ~ 2.5 m 者，则池底基础下的排水管沿其长轴埋于池的中心线下。

池底基础下的地面则向中心线做 1% ~ 2% 倾斜，在池下的碎石层厚 10 ~ 20 cm，壁后的碎石层厚 10 ~ 15 cm。

（1）混凝土池底。池底现浇混凝土要在一天内完成，必须一次浇筑完毕。这种结构的水池如形状比较规整，则 50 m 内可不做伸缩缝；如形状变化较大，则在其长度约 20 m 和其断面狭窄处，应做伸缩缝。混凝土的厚度根据气候条件而定，一般温暖地区以 10 ~ 15 cm 为好，北方寒冷地区以 30 ~ 38 cm 为好。

混凝土池底板施工要点：①依情况不同加以处理；如基土稍湿而松软时，可在其上铺厚 10 cm 的砾石层，并加以夯实，然后浇灌混凝土垫层。②混凝土垫层浇完隔 1 ~ 2 d（应视施工时的温度而定），在垫层面测定底板中心，然后根据设计尺寸进行放线，定出柱基和底板的边线，画出钢筋布线，依线绑扎钢筋，接着安装柱基和底板外围的模板。③在绑扎钢筋时，应详细检查钢筋的直径、间距、位置、搭接长度、上下层钢筋的间距、保护层及埋件的位置和数量，均应符合设计要求。上下层钢筋均用铁撑（铁马凳）加以固定，使之在浇捣过程中不发生变位。④底板应一次连续浇完，不留施工缝。施工间歇时间不得超过混凝土的初凝时间。如混凝土在运输过程中产生初凝或离析现象，应在现场拌板上进行二次搅拌，方可入模浇捣。底板厚度在 20 cm 以内可采用平板振动器，板的厚度较厚时则采用插入式振动器。⑤池壁为现浇混凝土时，底板与池壁连接处的施工缝可留在基础上口 20 cm 处。⑥池底与池壁的水平施工缝可留成台阶型、凹槽型，或者加金属止水片、遇水膨胀橡胶止水带。各种施工缝的优缺点及做法见表4-1、图4-37。

表4-1　各施工缝的优缺点及做法

施工缝种类	优　点	缺　点	做　法
台阶型	可增加接触面积，使渗水路线延长和受阻，施工简单，接缝表面易清理	接触面简单，双面配筋时，不易支模，阻水效果一般	支模时，可在外侧安设木方，混凝土终凝后取出
凹槽型	加大了混凝土的接触面积，使渗水路线受更大阻力，提高了防水质量	在凹槽内积水和杂物清理不净时，影响接缝严密性	支模时将木方置于池壁中部，混凝土终凝后取出
加金属止水片	适用于池壁较薄的施工缝，防水效果比较可靠	安装困难，且需耗费一定数量的钢材	将金属止水片固定在池壁中部，两侧等距
加遇水膨胀橡胶止水带	施工方便，操作简单，橡胶止水带遇水后体积迅速膨胀，将缝隙塞满，紧密		将腻子型橡胶止水带置于已浇筑好的施工缝中部即可

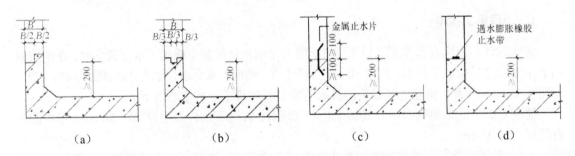

图4-37　池底与池壁的水平施工缝种类

（a）台阶型；（b）凹槽型；（c）加金属止水片；（d）加遇水膨胀橡胶止水带

（2）灰土层池底。当池底的基土为黄土时，可在池底做40～45 cm厚的3:7灰土层，每隔20 m留一伸缩缝。

（3）聚乙烯薄膜防水层池底。当基土微漏时，可采用聚乙烯防水薄膜池底做法。

2. 池壁施工技术

人造水池一般采用垂直形，其优点是池水升落之后，不致在池壁淤积泥土，从而使下等水生植物无从生长，同时易保持水面洁净。垂直形的池壁可用砖石或水泥砌筑，可镶以瓷砖、罗马砖等，做成图案加以装饰。

（1）混凝土浇筑池壁。浇筑混凝土池壁需用木模板定型，木模板要用横条固定，池壁厚15～25 cm，水泥成分与池底相同，并要有稳定的承重强度。浇筑时，趁池底混凝土未干时，用硬刷将边缘拉毛，使池底与池壁结合得更好。矩形钢筋混凝土池壁目前有无撑和有撑支模两种方法，有撑支模为常用的方法。当矩形池壁较厚时，内外模可在钢筋绑扎完毕后一次立好。

浇捣混凝土时操作人员可进入模内振捣，或开门子板，将插入式振动器放入振捣，并用串筒将混凝土灌入，分层浇捣。矩形池壁拆模后，应将外露的止水螺栓头割去。

池壁施工要点：①水池施工时所用的水泥标号不宜低于 425 号，水泥品种应优先选用普通硅酸盐水泥，不宜采用火山灰质硅酸盐水泥和粉煤灰硅酸盐水泥。所用石子的最大粒径不宜大于 40 mm，吸水率不大于 1.5%。②池壁混凝土每立方米水泥用量不少于 320 kg。含沙率为 35% ~ 40%，灰沙比为 1 : 2 ~ 1 : 2.5，水灰比不大于 0.6。③固定模板用的铁丝和螺栓不宜直接穿过池壁。当螺栓或套管必须穿过池壁时，应采取止水措施，常见的止水措施有螺栓上加焊止水环，止水环应满焊，环数应根据池壁厚度，由设计确定；套管上加焊止水环，在混凝土中预埋套管时，管外侧应加焊止水环，管中穿螺栓，拆模后将螺栓取出，套管内用膨胀水泥砂浆封堵；螺栓加堵头，支模时在螺栓两边加堵头，拆模后将螺栓沿平凹坑底割去角，用膨胀水泥砂浆封塞严密。④在池壁混凝土浇筑前，应先将施工缝处的混凝土表面凿毛，清除浮料和杂物，用水冲洗干净，保持湿润，再铺上一层厚 20 ~ 25mm 的水泥砂浆，水泥砂浆所用料的灰沙比应与混凝土材料的灰沙比相同。⑤浇筑池壁混凝土时，应连续施工，一次浇筑完毕，不留施工缝。⑥池壁在密集管群穿过、预埋件或钢筋密集处浇筑混凝土有困难时，可采用相同抗渗等级的细石混凝土浇筑。⑦池壁上预埋大管径的套管或面积较大的金属板时，应在其底部开设浇筑振捣孔，以利排气、浇筑和振捣。⑧池壁混凝土结合，应立即进行养护，并保持湿润，养护时间不得少于 14 个昼夜。拆模时池壁表面温度与周围气温的温差不得超过 15℃。

（2）混凝土砖砌池壁。用混凝土砖砌造池壁大大简化了混凝土施工的程序，但混凝土砖一般只适用于古典风格或设计规整的池塘。混凝土砖厚 10 cm，结实耐用，常用于池塘建造。也有大规格的空心砖，但使用空心砖时，中心必须用混凝土浆填塞。有时也用双层空心砖墙中间填混凝土的方法来增加池壁的强度。

用混凝土砖砌池壁的一个优点是池壁可以在池底浇筑完工后的第二天再砌。一定要趁池底混凝土未干时将边缘处拉毛，池底与池壁相交处的钢筋要向上弯曲伸入池壁，以加强接合部的强度，钢筋伸到混凝土砌块池壁后或池壁中间。因为混凝土砖是预制的，所以池塘四周必须保持绝对的水平。砌混凝土砖时要特别注意保持砂浆厚度均匀。

（3）池壁抹灰。抹灰在混凝土及砖结构的池塘施工中是一道十分重要的工序，可使池面平滑，加强水池防水，不会伤及池鱼。如果池壁表面粗糙，易使鱼受伤，发生感染。此外，池面光滑也便于池塘护理。

1）砖壁抹灰施工要点：①内壁抹灰前两天应将墙面清扫，用水洗刷干净，并用铁皮将所有灰缝刮一下，要求凹进 1 ~ 1.5 cm。②应采用 325 号普通水泥配制水泥砂浆，配合比为 1 : 2，必须称量准确，可加适量防水粉，拌和要均匀。③在抹第一层底层砂浆时，应用铁板用力将砂浆挤入砖缝内，增加砂浆与砖壁的黏结力，底层灰不宜太厚，一般为 5 ~ 10 mm；第二层将墙面找平，厚度为 5 ~ 12 mm；第三层面层进行压光，厚度为 2 ~ 3 mm。④砖壁与钢筋混凝土底板接合处要特别注意操作，增加转角处抹灰厚度，使其呈圆角，防止渗漏。⑤外壁抹灰可采用 1 : 3 水泥砂浆一般操作法。

2）钢筋混凝土池壁抹灰要点：①抹灰前将池内壁表面凿毛，不平处铲平，并用水冲洗干净。②抹灰时可在混凝土墙面上刷一遍薄的纯水泥浆，以增加黏结力。其他做法与砖壁抹灰相同。

3．压顶石

规则水池顶上应以砖、石块、石板或水泥预制板等作压顶石，压顶石与地面平或高出地面。当压顶石与地面平时，应注意勿使土壤流入池内，可将池周围地面稍向外倾。有时在适当的位置上将压顶石部分放宽，以便容纳盆钵或其他摆饰。

4．管道安装

水池内必须安装各种管道，这些管道需通过池壁（见喷水池结构），因此务必采取有效措施防漏。管道的安装要结合池壁施工同时进行。在穿过池壁之处要预埋套管，套管上加焊止水环，止水环应与套管满焊严密。安装时先将管道穿过预埋套管，然后一端用封口钢板将套管和管道焊牢，再从另一端将套管与管道之间的缝隙用防水油膏等材料填充后，用封口钢板封堵严密。

对溢水口、泄水口进行处理，其目的是维持一定的水位和进行表面排污，保持水面清洁。常用的溢水口形式有堰口式、漏斗式、管口式、联通式等，可视实际情况进行选择。水口应设格栅。泄水口应设于水池池底最低处，并保持池底有不小于 1% 的坡度。

5．混凝土抹灰

混凝土抹灰在混凝土结构水池施工中是一道十分重要的工序，能使池面平滑，易于养护。抹灰前应先将池内壁表面凿毛，不平处要铲平，并用水清洗干净。

抹灰的灰浆要用 325 号（或 425 号）普通水泥配制砂浆，配合比为 1∶2。灰浆中可加入防水剂或防水粉，也可加黑色颜料，使水池更趋自然。抹灰一般在混凝土干后 1～2 d 内进行。抹灰时，可在混凝土墙面上刷一层薄水泥纯浆，以增加黏结力。通常先抹一层底层砂浆，厚度 5～10 mm。再抹第二层找平，厚度 5～12 mm。最后抹第三层压光，厚度 2～3 mm。池壁与池底接合处可适当增加抹灰量，防止渗漏。如用水泥防水砂浆抹灰，可采用刚性多层防水层做法，此法要求在水池迎水面用五层交叉抹面法（即每次抹灰方向相反），背水面用四层交叉抹面法。

6．试水

水池施工工序全部完成后，可以进行试水，试水的目的是检验水池结构的安全性及水池的施工质量。

试水时应先封闭排水孔，由池顶放水，一般要分几次进水，每次加水深度视具体情况而定。每次进水都应从水池四周进行观察记录，无特殊情况可继续灌水直至达到设计水位标高。

达到设计水位标高后，要连续观察 7 d，做好水面升降记录，外表面无渗漏现象及水位无明显降落说明水池施工合格。

（四）水池装饰

1．池底装饰

根据水池的功能及观赏要求进行池底装饰，可直接利用原有土石或混凝土池底，再在其上选用深蓝色池底镶嵌材料，以加强水深效果。还可通过特别构图，镶嵌白色浮雕，以渲染水景气氛。

2．池面饰品

水池中可以布设小雕塑、卵石、汀步、跳水石、跌水台阶、石灯、石塔和小亭等，共同组景，使水池更具生活情趣，也点缀了园景。

（五）人工水池日常管理要点

（1）要定期检查水池各种出水口情况，包括格栅、阀门等。
（2）要定期打捞水中漂浮物，并注意清淤。
（3）要注意半年至一年需对水池进行一次全面清扫和消毒（用漂白粉或5%高锰酸钾）。
（4）要做好冬季水池泄水的管理，避免冬季池水结冰而冻裂池体。
（5）要做好池中水生植物的养护，主要是及时清除枯叶，检查种植箱土壤，并注意施肥、更换植物品种等。

三、自然式静水（湖、塘）

（一）自然式静水的设置

设置自然式静水是一种模仿自然的造景手段，强调水际线的变化，有一种天然野趣的意味，设计上多为自然或半自然式。

1．自然式静水的特点与功用

自然或半自然形式的水域呈不规则形状，使景观空间产生轻松悠闲的感觉。人造的或改造的自然水体，以泥土或植物为边际，适合自然式庭园或乡野风格的景区。水际线强调自由曲线式的变化，并可使不同环境区域产生统一连续感（借水连贯），其景观可引导行人经过一连串的空间，充分发挥静水的系带作用。多取天然水源，一般不设上下水管道，面积大，只做四周驳岸处理，湖底一般不加处理或做简单处理。

2．自然式静水的设计要点

自然式静水的形状、大小、驳岸材料与构筑方法，因地势、地质等不同而有很大的差异。在设计时应多模仿自然湖海，池岸的构筑、植物的配置以及其他附属景物的运用均须非常自然。水池深度，在小面积水池中，以保持 50～100 cm 为宜，在大面积水池中则可酌情加深。自然式水池可作为游泳、溜冰（北方冬季）、休息、眺望、消遣等场所，在设计时应一并加以考虑，配置相应的设施及器具。为避免水面平坦而显单调，在水池的适当位置，应设置小岛，或栽种植物，或设置亭榭等。人造自然式水池的任何部分，均应将水泥或堆砌痕迹遮隐，否则有失自然。

例如，原来就是湖泊水乡地形，有较大的水域或地下水位较高的水体，则"因势而借"，利用原有池面稍加修整即可，此类水池仅有池崖而不必另做池底。其外形及水面布置多以聚为主，聚散结合体现回沙曲岸的意境。

用园林中的水池、水系来构成园林空间界面，实际上也是园林空间构成的一个方面。水池水系的界面分划，常通过设置桥、岛、建筑物、堤岸、汀石等来引导和制约，以丰富园林空间的造型层次和景深感。

（1）桥。池中桥宜建于水面窄处。小水面场合，桥以曲折低矮、贴水而架最能"小中见大"，空间互相渗透流通，产生倒影，增加风景层次。桥与栏杆多用水平条石砌筑，尺度适宜，顿生轻快舒展之感。大水面场合，应有堤桥分隔，并化大为小，以小巧取胜。其高低曲折以水面大小而定。

（2）岛。注意与水面的尺度比例，小水面不宜设岛。大水面可设岛，但不宜居中，应偏于一侧，自由活泼。池中可设岛，岛中也可设池，成为"池中池"的复合空间。

（3）堤岸。一般有土堤、池岸、驳岸、岩壁、散礁等。大水面常用堤岸来分离，长堤宜曲折，堤中设桥，多为拱桥。

（4）建筑物。于水池之水面上，建造水廊、榭、阁、石舫等。建筑临水，近水楼台，平湖秋月，相互生辉。水榭石舫，两栖于岸边水中，其外层还可建水廊，使空间复合，倒影相映，别具一番水乡情趣。

（5）汀石。在小水面或大水面收缩或弯头落差处，可在水中置石，散点呈线，借以代桥，通向对岸。汀石也可由混凝土仿生制成。

以上仅为水池的静水界面空间处理手法，为了增添园林景色，还可结合地形，布置溪涧飞瀑、筑山喷泉，造成有声、有色、有势的动水空间。

（二）静水（湖、池）工程

1. 基址对土壤的要求

基址的土壤情况一般分为以下四种：①沙质黏土、壤土土质细密，土层厚实或渗透能力小于 7～9 mm/s 的黏土夹层，适合挖湖。②基土为沙质、卵石层等易漏水，应该避免。如漏水不严重，要探明下面透水层位置的深浅，可以做截水墙或采用人工铺盖等工程措施。③如基土为淤泥或泥炭层等，需全部挖掉。④黏土虽透水性小，但干时容易开裂，湿时又会形成橡皮土或泥浆。因此，用纯黏土作湖池岸坡、堤等均不好。对于小水面，最好先挖一个试坑，查看有无漏水的土层，即所谓坑探，以此确定土壤的透水能力。如果水面较大，则应进行钻探，其钻孔的最大距离不得超过 100 m，待探明土质情况后，再做决定。

2. 湖（池）土方量计算

一般来讲，规则式水池的土方量可以按其几何形体来计算，比较简单。对于自然形体的湖地，可以近似地作为台体来计算，其公式为

$$V = \frac{1}{3} h \left(S + \sqrt{S \cdot S'} + S' \right)$$

式中，V ——土方量（m^3）；

  h——湖池的深度（m）；

  S、S'——分别为上、下底的面积（m^2）。

湖池的蓄水量用上面公式同样可以求得，只需将湖池的水深代入 h 值、水面的面积代入 S 值即可。

3. 水面蒸发量的测定和估算

目前我国主要采用 E-601 型蒸发器测定水面的蒸发量。但其测得的数值比水体实际的蒸发量大，因此需乘折减系数，年平均蒸发折减系数为 0.75～0.85。在缺乏实测资料时，估算公式为

$$E = 22 \times (1 + 0.17\omega_{200}^{1.5})(e_0 - e_{200})$$

式中，E——水面蒸发量（mm）；

e_0——对应水面温度的空气饱和水汽压（Pa）；

e_{200}——水面上空 200 cm 处的空气水汽压（Pa）；

ω_{200}——水面上空 200 cm 处的风速（m/s）。

4. 渗漏损失

计算水体的渗漏损失是非常复杂的，须对水体的底盘和岸边进行地质与水文等方面的研究后方可进行。对于园林水体，其估算方法见表 4-2。

表 4-2　渗漏损失表

底盘的地质情况	全年水量的损失（占水体体积的百分比/%）
良好	0～10
一般	10～20
不好	20～40

5. 自然式湖塘池底做法

园林中的河、湖一般由人工开挖形成，其外边缘由驳岸或护坡界定河、湖的范围线，因此人工开挖河、湖的施工主要由园林土方工程和砌体工程构成。人工河、湖施工的要点是如何减少水的渗漏，河、湖的基址应选择土壤性质和地质条件有利于保水的地段，在湖底人工铺设 30～50 cm 的黏土层进行防渗处理，并且在驳岸、护坡施工时尽可能采用防渗的材料和施工工艺，以保证湖塘中的水量。

自然式水池的池底如为非渗透性的土壤，应先敷以黏土，弄湿后捣实，其上再铺沙砾。若池底属透水性或水源给水量不足，池底可用硬质材料（如混凝土或钢筋混凝土），然后以沙或卵石覆盖，或用蓝色或绿色水泥加色隐蔽。

各种静水池底的结构如图 4-38 所示。

人工湖或溪流防渗还可采用膨润土防水垫（见图 4-39），它是一种以蒙脱石为主要成分的黏土矿物。其重要特性之一是遇水后膨胀，产生水合作用，形成不透水的凝胶体。同时，膨润土也有储藏水分的功能，其吸水量可达自身重量的 10 倍以上，从而起到防渗隔漏作用。在工程中，土工合成材料膨润土垫（GCL）经常采用有压安装，膨润土遇水膨胀后产生的反向压力也可以起到堵漏、自我修补的作用，即使材料被尖物贯穿或者由于不均匀沉降产生的裂隙，膨润土均能自愈修补。除此之外，膨润土为天然无机材料，不会发生老化或腐蚀现象，因此防水

性能持久。同时，施工相对简单，不需要加热和粘贴，只用钉子、垫圈和膨润土粉，易维修，是成本效益较高的防水材料。

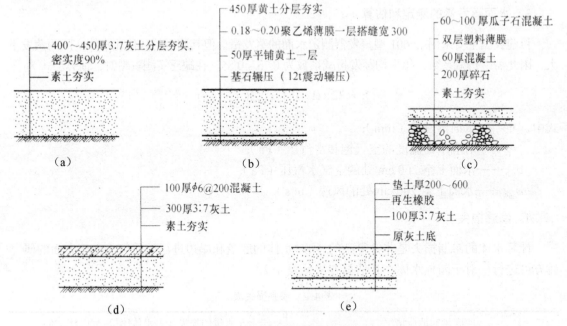

图 4-38　各种静水池底结构示意图

（a）灰土层池底做法；（b）聚乙烯防水薄膜池底做法；（c）塑料薄膜防水层池底做法；
（d）混凝土池底做法；（e）旧水池翻底做法

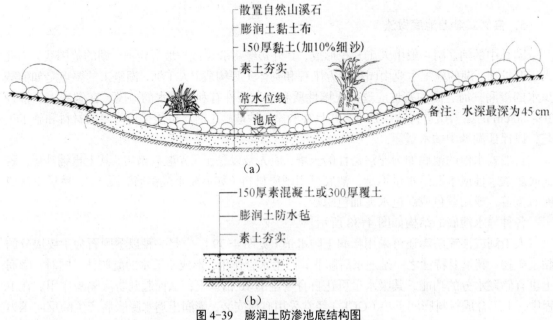

图 4-39　膨润土防渗池底结构图

（a）膨润土防渗溪流做法；（b）膨润土防渗湖底做法

（三）驳岸与护坡工程

园林水体要求有稳定、美观的水岸以维持陆地和水面一定的面积比例，防止陆地被水侵蚀或水岸坍塌从而扩大水面。因此，在水体边缘必须建造驳岸与护坡。否则，风浪淘刷、浮托、冻胀或超重荷载都可能造成湖岸塌陷，致使岸壁崩塌而淤积水中，导致湖岸线变形、变位，水的深度减小，在水体周围形成浅水或干枯的缓坡淤泥带，破坏景观，难以体现原有设计意图，甚至可能造成事故。

为保持岸线，稳固水体，加强人与水的联系，体现亲水性和安全性，美化景观，驳岸和护坡的设计是水景设计中不可忽视的环节。

1. 驳岸工程

驳岸是指在园林水体边缘与陆地交界处，为稳定岸壁，保护湖岸不被冲刷或水淹所设置的人工构筑物。驳岸兼有防护、围贮、通路和观景的多重功能。驳岸实际上也是一面临水的挡土墙，是支持和防止坍塌的水工构筑物。

岸边的形状、砌筑方法、岸线的走形等都与景观效果有直接联系。曲岸有流线之美，直岸比较规整，凹岸构成港湾，凸岸形成半岛。砌筑的形式有自然式和几何式。池岸的造型自然形式有采用飘积原理构成的流曲、弯月、葫芦形，以及其他拓扑变形。几何形式常用圆、三角形、矩形、多边形等闭合形状。对江河来说，岸线形状的选择一般顺其河流自然走向，稍加人工整治处理，首先应选择护岸的形式和组织沿岸的风景线。而有限的闭合水体，其岸线的形状应与环境相结合。在中国古典园林中，驳岸往往用自然山石砌筑，与假山、置石、花木相结合，共同组成园景（见图4-10）。驳岸必须结合所处具体环境的艺术风格、地形地貌、地质条件、材料特性、种植特色以及施工方法、技术经济要求选择其建筑结构形式，在实用、经济的前提下注意外形的美观，使其与周围景色协调（见图4-41）。

图4-40　中国古典园林驳岸

图4-41　现代风格园林驳岸

（1）破坏驳岸的主要因素。驳岸可以分成湖底以下基础部分、常水位以下部分、常水位与最高水位之间的部分和不淹没的部分。不同部分被破坏的因素不同。

湖底以下基础部分被破坏的原因包括：①池底地基强度和岸顶荷载不一而造成不均匀的沉陷，使驳岸出现纵向裂缝甚至局部塌陷；②在寒冷地区水深不大的情况下，可能由于冰胀引起基础变形；③木桩做的桩基则因受腐蚀或水底一些动物的破坏而朽烂；④在地下水位很高的地区会产生浮托力，影响基础的稳定。

常水位以下的部分常年被水淹没，其主要破坏因素是水的浸渗。在我国北方寒冷地区，水渗入驳岸内冻胀以后易使驳岸胀裂，有时会造成驳岸倾斜或位移的情况。常水位以下的岸壁又是排水管道的出口，如安排不当，亦会影响驳岸的稳固。

常水位至最高水位这部分经受周期性的淹没。如果水位变化频繁，则会对驳岸形成冲刷腐蚀的破坏（见图 4-42）。

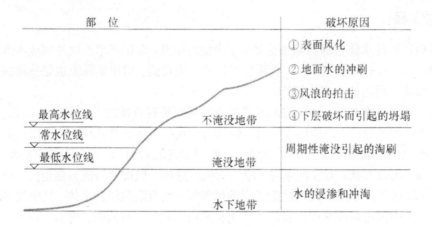

图 4-42　岸壁不同部位破坏的生成

最高水位以上不淹没的部分主要受到浪激、日晒和风化剥蚀的破坏。驳岸顶部则可能因超重荷载和地面水的冲刷受到破坏。另外，驳岸下部的破坏也会使这部分受到破坏。

了解破坏驳岸的主要因素以后，可以结合具体情况采取防止和减少破坏的措施。

（2）驳岸平面位置与岸顶高程的确定。与城市河流接壤的驳岸按照城市河道系统确定平面位置。园林内部驳岸则根据湖体施工设计确定位置。平面图上常以常水位线显示水面位置。整形式驳岸岸顶宽度一般为 30~50 cm。如为倾斜的坡岸，则根据坡度和岸顶高程推求。

岸顶高程应比最高水位高出一段，以保证湖水不致因风浪拍岸而涌入岸边陆地。因此，高出多少应根据当地风浪拍击驳岸的实际情况而定。湖面广大、风大、空间开旷的地方高出多一些，而湖面分散、空间内具有挡风的地形则高出少一些。一般高出 25~100 cm。从造景角度看，深潭和浅水面的要求也不一样。一般湖面驳岸贴近水面为好，游人可亲近水面，并显得水面丰盈、饱满。在地下水位高、水面大、岸边地形平坦的情况下，对于游人量少的次要地带可以考虑短时间被最高水位淹没，以避免由于大面积垫土或加高驳岸提升造价。

（3）驳岸设计原则。驳岸的造型要根据所处的环境决定。在自然环境中宜采用自然式的驳岸（见图 4-43），而在建筑和平台临水处则可采用规整式的驳岸（见图 4-44）。中国园林强调园景丰富多样，移步换景，因此，园林的池岸，应根据其水面的大小、岸边的坡度、周围的景色，或缓坡入水，或山石参差，或石矶横卧，或断崖散礁。

在设计、建造驳岸前，一定要深入了解当地的水情，掌握一年四季的水位变化，依此确定驳岸的形式和高度，使常水位时景观最佳，最高水位时池水不至于溢出池岸，最低水位时岸壁的景观也可入画。

图 4-43　自然式驳岸　　　　　　　　　　　　　　图 4-44　规整式驳岸

（4）驳岸的结构形式。园林中的驳岸以重力式结构为主，主要依靠墙身自重来保证岸壁稳定，抵抗墙背土壤压力。重力式驳岸：按其墙身结构分为整体式、方块式、扶壁式；按其所用材料分为浆砌块石、混凝土及钢筋混凝土结构等。

由于园林中驳岸高度一般不超过 2.5 m，可以根据经验数据来确定各部分的构造尺寸，省去烦杂的结构计算（见图 4-45、图 4-46）。

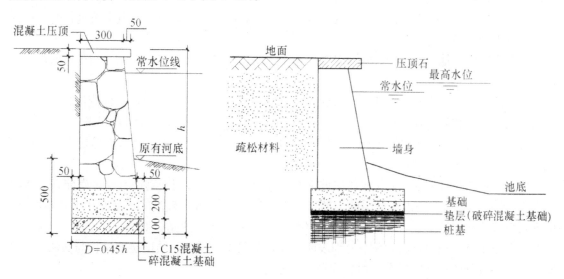

图 4-45　驳岸结构比例　　　　　　　　　图 4-46　园林驳岸构造

注：①基础深拟保持 500；②基础宽 D 为驳岸总高度 h 的 0.45 倍。

园林驳岸的构造及名称如下。

1）压顶。驳岸之顶端结构，一般向水面有所悬挑。

2）墙身。驳岸主体，常用材料为混凝土、毛石、砖等，也可用木板、毛竹板等作为临时性驳岸的材料。

3）基础。驳岸的底层结构作为承重部分，厚度常为 400～500 mm，宽度为高度 h 的 0.45 倍。

4）垫层。基础的下层，常用矿渣、碎石、碎砖等整平地基，保证基础与土基均匀接触。

5）基础桩。增加驳岸的稳定性，是防止驳岸滑移或倒塌的有效措施，也起增强土基承载能力的作用。材料可以用木桩、灰土桩等。

6）沉降缝。当墙高不等、墙后土壤压力不同或地基沉降不均匀时，必须考虑设置沉降缝。

7）伸缩缝。避免因温度等变化引起破裂而设置的缝。一般 10～15 m 设置一道，宽度一般为 10～20 mm，有时也兼作沉降缝。

（5）水体驳岸设计。不同园林环境中，水体的形状、面积和基本景观各不相同，其岸坡的设计形式和结构形式也相应有所不同。水体岸坡要根据岸坡本身的适用性和环境景观的特点而定。

园林中大面积或较大面积的河、湖、池塘等水体，可采用很多形式的岸坡，如浆砌块石驳岸、整形石砌驳岸、石砌台阶式岸坡等，为了降低工程总造价，也可采用一些简易的驳岸形式，如干砌大块石驳岸和浆砌卵石驳岸等。

对于规整形式的砌体岸坡，设计中应明确规定砌块要错缝砌筑，不得齐缝。缝口外的勾缝勾成平缝、阳缝都可以，一般不勾成阴缝，具体勾缝形式视整形条石的砌筑情况而定。

对于具有自然纹理的毛石，可按重力式挡土墙砌筑。砌筑时砂浆要饱满，并且顺着自然纹理，按冰裂式勾成明缝，使岸壁壁面呈现冰裂纹，在北方冻害区，应于冰冻线高约 1 m 处嵌块石混凝土层，以抗冻害侵蚀破坏。为隐蔽起见，可做成人工斩假石状，但岸坡过长时，这种做法显得单调。

山水庭园的水池、溪涧中，根据需要可选用更富于自然特质的驳岸形式，如草坡驳岸、山石驳岸等。

自然山石驳岸在砌筑过程中，要求施工人员的技艺水平比较高，而且工程造价高昂，一般不大量应用于园林湖池作为岸坡，而是与草皮岸坡、干砌大块石驳岸等结合起来使用。

就一般大、中型园林水体来说，只要岸边用地条件能够满足需要，就应当尽量采用草皮岸坡。草皮岸坡的景色自然优美，工程造价不高，适于岸坡工程量浩大的情况。

草皮岸坡的设计要点是：在水体岸坡常水位线以下层段，采用干砌块石或浆砌卵石做成斜坡岸体。常水位线以上则做成低缓的土坡，土坡用草皮覆盖，或用较高的草丛布置成草丛岸坡。草皮缓坡或草丛缓坡上还可以点缀一些低矮灌木，进一步丰富水边景观。

以下是水体岸坡设计的示例，分别表明了岸坡的结构形式、各结构层的材料与做法、施工要求以及各部分的尺寸安排等，可供岸坡设计参考。

1）块石驳岸。包括条石驳岸（见图 4-47），假山石驳岸（见图 4-48），虎皮石驳岸（见图 4-49、图 4-50）、浆砌块石驳岸（见图 4-51）以及干砌块石驳岸（见图 4-52）。

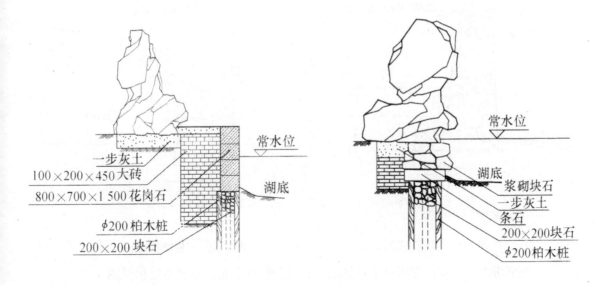

图 4-47　条石驳岸　　　　　　　　　　图 4-48　假山石驳岸

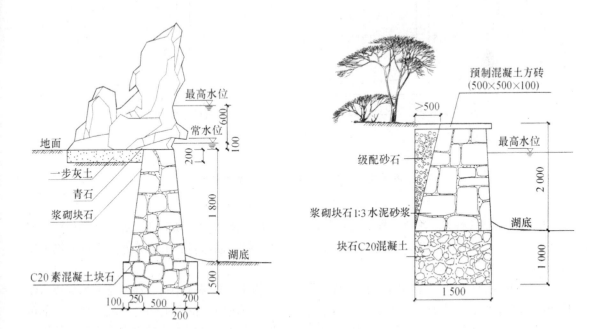

图 4-49　虎皮石驳岸一　　　　　　　　图 4-50　虎皮石驳岸二

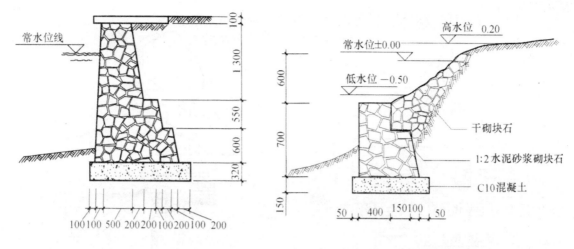

图 4-51　浆砌块石驳岸　　　　　　图 4-52　干砌块石驳岸

2）钢筋混凝土驳岸。在园林中常做成"T"形或"L"形，其基本结构见图 4-53。

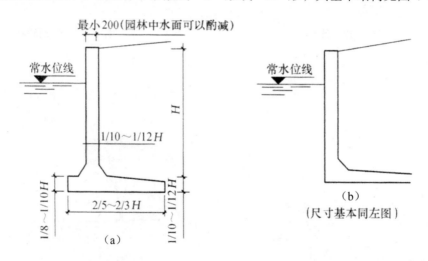

图 4-53　"T"形和"L"形混凝土驳岸

（a）"T"形驳岸；（b）"L"形驳岸

这种驳岸整体性好、牢固。根据南京的经验，将其利用在大水面的迎风面，效果很好。但岸壁呆板，景观效果不理想。因此，可通过塑石、塑树桩、贴卵石、植草等方式进行装饰（见图 4-54）。

3）木桩沉排驳岸。木桩沉排驳岸又称沉褥，即用树木干枝编成柴排，在柴排上加载块石使其下沉到坡岸水下的地表。其特点是底下的土被冲走而下沉时，沉褥也随之下沉，坡岸下部可随之得到保护（见图 4-55）。在水流速度不大、岸坡坡度平缓、硬层较浅的岸坡水下部分使用较为适合。同时，可利用沉褥具有较大面积的特点，将其作为平缓岸坡自然式山石驳岸的基底，以减少山石对基层土壤不均匀荷载和单位面积的压力，如此也可减少不均匀沉陷。沉褥的宽度视冲刷程度而定，一般约为 2 m，柴排的厚度为 30～75 cm，块石的厚度约为柴排的 2 倍。沉褥上缘即块石顶应设在最低水位以下。沉褥可用柳树类枝条或一般条柴编成方格网状，交叉点中心间距为 30~60 cm。条柴交叉处用细柔的藤条、枝条和涂焦油的绳子扎结，或用其他方法固定。

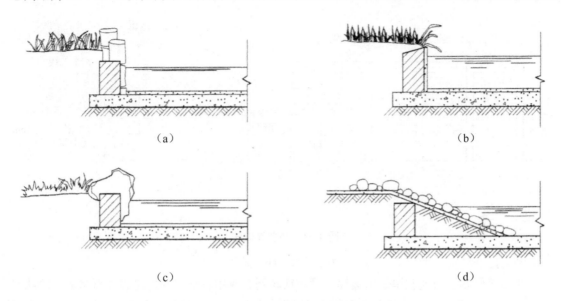

图 4-54　驳岸结构设计实例

（a）塑送竹岸；（b）草坪岸；（c）塑山石岸；（d）卵石岸

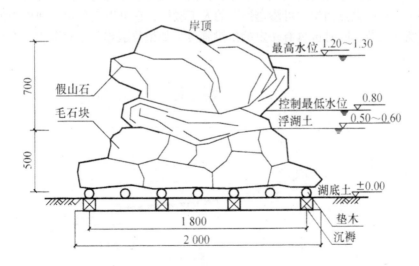

图 4-55　木桩沉排驳岸

4）竹、木驳岸。江南一带盛产毛竹，毛竹平直、坚实且有韧性。以毛竹竿为桩柱、毛竹板材为板墙，构成竹篱挡墙（见图 4-56）。上海地区冬天土地不冻，水不结坚冰，没有冻胀破坏，可做成竹驳岸。为了防腐可涂一层柏油。竹桩顶齐竹节截断以防止雨水积存。因这种驳岸不耐风浪冲击和淘刷，只能作为临时驳岸措施。竹篱缝不密实，风浪可将岸土淘刷出来，日久则岸线后退，岸篱分开。竹桩驳岸也不耐游船撞击。因其造价较少，施工期短，可在一定年限内使用。盛产木材的地方亦可做成木板桩驳岸或木桩驳岸（见图4-57）。

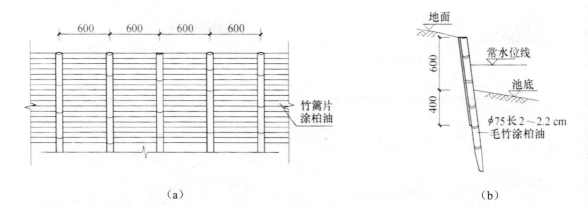

（a）　　　　　　　　　　　　　　　　　　　　　　　（b）

图4-56　竹驳岸做法

（a）立面；（b）剖面

5）石笼驳岸。石笼驳岸是用镀锌、喷塑铁丝网笼或用竹子编的竹笼装碎石垒成台阶状驳岸或做成砌体的挡土墙，并结合植物种植以增强其稳定性。石笼驳岸具有抗冲刷能力强、整体性好、应用灵活、能随地基变形而变化的特点，比较适合于流速大的河道断面。

相对于钢筋混凝土等材料的硬质型驳岸，目前比较提倡生态型驳岸。生态驳岸是指恢复后的自然河岸或具有自然河岸"可渗透性"的人工驳岸，它可以充分保证河岸与河流水体之间的水分交换和调节，同时也具有一定的抗洪强度。如植物驳岸、木材驳岸、石材驳岸和石笼驳岸等。

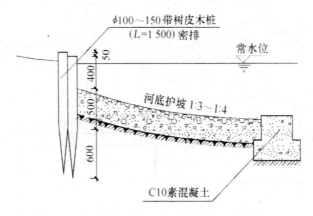

图4-57　木驳岸做法

生态驳岸技术所使用的已不是传统的一种材料，而是结合各种材料的优点，复合而成的复合型驳岸。因此，生态驳岸可描述为"通过使用植物或植物与土木工程和非生命植物材料的结合，减轻坡面及坡脚的不稳定性和侵蚀，同时实现多种生物的共生与繁殖"。生态驳岸的设计以减少对环境的破坏、保持营养和水循环、维持植物生境和动物栖息地的质量等为原则。

2．护坡工程

岸壁超过土壤自然安息角而又没有保护措施时，岸坡不稳定（见图4-58）。如果河湖不采用岸壁直墙而用斜坡，则要用各种材料护坡。护坡主要是防止出现滑坡现象，减少地面水和风浪的冲刷以保证斜坡的稳定。自然式缓坡护坡能产生亲水的效果，在园林中使用很多。

图4-58　不稳定的岸坡

在园林中常用的护坡形式有以下几种。

（1）草皮护坡。当岸壁坡角在自然安息角以内，这时水面上部分可以用草皮护坡（见图4-59）。目前也可直接在岸边播草种并用塑料膜覆盖，效果也很好。如在草坡上散置数块山石，则可以丰富地貌，增加风景的层次。

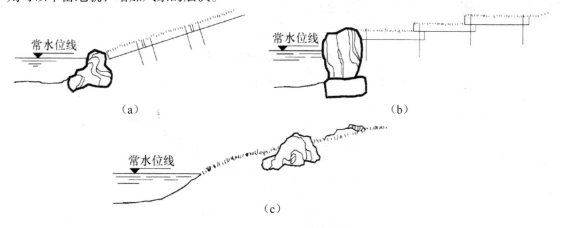

（a）　　　　　　　　　　　　　　　　　　　（b）

（c）

图4-59　草皮护坡做法

（a）岸边草坪铺法一；（b）半边草坪铺法二；（c）岸边置石

（2）块石护坡。在岸坡较陡、风浪较大的情况下，或因为造景的需要，在园林中常使用块石护坡。护坡的石料最好选用石灰岩、砂岩、花岗岩等顽石。在寒冷地区还要考虑石块的抗冻性，石块的容重应不小于 2 g/cm³、火成岩吸水率超过 1%、水成岩吸水率超过 1.5%（以重量计）则应慎用。

护坡不允许土壤从护面石下面流失，为此应做过滤层，并且护坡应预留排水孔，每隔 25 m 左右做一伸缩缝。

对于小水面，当护面高度在 1 m 左右时，护坡的做法比较简单（见图 4-60）。也可以用大卵石等护坡，以表现海滩等的风光。当水面较大、坡面较高（一般在 9 m 以上）时，则护坡要求较高（见图 4-61、图 4-62 和图 4-63）。块石护坡多用干砌石块，用 M7.5 水泥砂浆勾缝。压顶石用 M7.5 水泥砂浆砌块石，坡脚石一定要在湖底下。

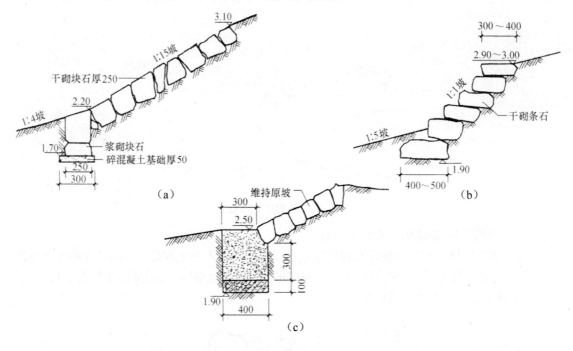

图 4-60　小水面块石护坡做法

（a）块石护坡一；（b）块石护坡二；（c）块石护坡三

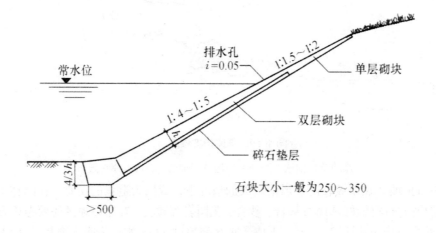

图 4-61　块石护坡

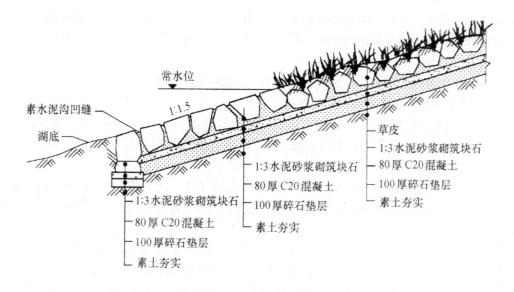

图 4-62　草皮入水护坡

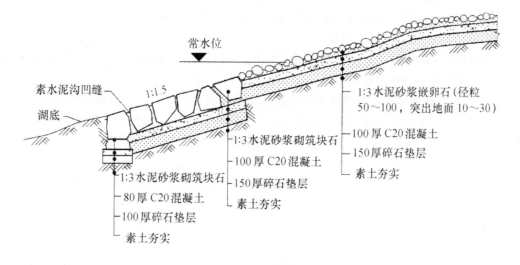

图 4-63　卵石护坡

石料要求容重大、吸水率小。先整理岸坡，选用 10～25 cm 直径的块石，最好是边长比为 1：1 的方形石料。块石护坡还应有足够的透水性，以减少土壤从护坡上面流失。这就需要在块石下面设倒滤层垫底，并在护坡坡脚设挡板。

（3）编柳抛石护坡。采用新截取的柳条十字交叉编织。编柳空格内抛填厚 0.2～0.4 m 的块石，块石下设厚 10～20 cm 的砾石层以利于排水和减少土壤流失。柳格平面为 1 m×1 m 或 0.3 m×0.3 m，厚度为 30～50 cm。柳条发芽便成为较坚固的护坡设施。

3. 驳岸与护坡的施工要点

水体驳岸与护坡的施工材料和施工做法，随岸坡的设计形式不同而有一定的差别。在多数岸坡种类的施工中，也有一些共同的要求。在一般岸坡施工中，都应坚持就地取材的原则，可以减少投入在砖石材料及其运输上的工程费用，有利于缩短工期，也有利于形成地方土建工程的特色。

针对常见的水体岸坡施工，介绍一些基本工程做法和施工要点。

（1）重力岸坡施工。

1）混凝土重力式驳岸。目前常采用C10块石混凝土作岸坡墙体。施工中，要保证岸坡基础埋深在80 cm以上，混凝土捣制应连续作业，以减少两次浇筑的混凝土之间留下的接缝。岸壁表面应尽量处理光滑，不可太粗糙。

2）块石砌重力式驳岸。用M2.5水泥砂浆作胶结材料，分层砌筑块石构成岸体，使块石结合紧密、坚实，整体性良好。临水面的砌缝可用水泥砂浆抹成平缝，为了美观，也可勾成凸缝或凹缝。

3）砖砌重力式驳岸。用MU7.5标准砖和M5水泥砂浆砌筑而成，岸壁临水面用1∶3水泥砂浆粉面，还可在外表面用1∶2水泥砂浆加3%防水粉做成防水抹面层。

（2）砌块石岸坡施工。砌块石岸坡一般采用直径300 mm以上的块石砌成，可分为干砌和浆砌两种：干砌适用于斜坡式块石岸坡，一般采用接近土壤的自然坡，其坡度为1∶1.5～1∶2，厚度为25～30 cm；基础为混凝土或浆砌块石，其厚度为300～400 mm，须做在河底自然倾斜线的实土以下500 mm处，否则易坍塌。同时，在顶部可做压顶，用浆砌块石或素混凝土代之。

浆砌块石岸坡的做法是：尽可能选用较大块石，以节省水池的石材用量，用M2.5水泥砂浆砌筑。为使岸坡整体性加强，常做混凝土压顶。

（3）虎皮石岸坡施工。在背水面铺上宽500 mm的级配砂石带，以减少冬季冻土对岸坡的破坏。常水位以下部分用M5砂浆砌筑块石，外露部分抹平。常水位以上部用M2.5砂浆砌筑，外露部分抹平缝；或常水位以上部分用块石混凝土浇筑，使岸体整体性好，不易沉陷。岸顶用预制混凝土块压顶，向水面挑出50 mm。压顶混凝土块顶面高出最高水位300～400 mm。岸壁斜坡坡度1∶10左右，每隔15 m设伸缩缝，用涂有防腐剂的木板嵌入，上砌虎皮石，用水泥砂浆勾缝2～3 cm宽为宜。

（4）自然山石驳岸施工。在常水位线以下的岸体部分，可按设计做成块石砌重力式挡土墙、砖砌重力式墙、干砌块石岸坡等。在常水位线上，用M2.5水泥砂浆砌自然山石作岸顶。砌筑山石的时候，一定要注意使山石大小搭配、前后错落、高低起伏，使岸边轮廓线凹深凸浅，曲折变化。决不能像砌墙一样做得整整齐齐，石块与石块之间的缝隙要用水泥砂浆填塞饱满，个别缝隙也可用水泥砂浆抹成孔穴。山石表面留下的水泥砂浆缝口可用同种山石的粉末敷在表面，稍稍按实，待水泥完全硬化以后，就可很好地掩饰缝口。待山石驳岸砌筑完成后，要将石块背后用泥土填实筑紧，使山石与岸土结合成一体。最后种植花草灌木或植草皮，即可完工。

驳岸与护坡的施工属于特殊的砌体工程，施工时应遵循砌体工程的操作规程与施工验收规范，同时应注意：驳岸和护坡的施工必须放干湖水，亦可分段堵截逐一排空。采用灰土基础以在干旱季节为宜，否则影响灰土的固结。浆砌块石基础在施工时石头要砌得密实，缝穴尽量减少。如有大间隙应以小石子填实。灌浆务必饱满，使其渗进石间空隙，北方地区冬季施工可在水泥砂浆中加入3%～5%的$CaCl_2$或$NaCl$，按重量比兑水拌匀以防冻，使之正常混凝。倾斜的岸坡可用木制边坡样板校正。浆砌块石的缝宽2～3 cm，勾缝可稍高于石面，也可以与石面平或凹进石面。

　　块石护岸由下往上铺砌石料，石块要彼此紧贴，用铁锤打掉过于突出的棱角并挤压上面的碎石使其密实地压入土内。铺后可以在上面行走，试一下石块的稳定性。如人在上面行走石头仍不动，说明质量好，否则要用碎石嵌垫石间空隙。

　　（四）给排水设置

　　1. 给水

　　无论是规则式或自然式水池都必须经常贮满水，并应为流动水，使水池内排出及蒸发的水分能随时得到补充，如此才能不破坏池景之美。水的来源有自来水和沟渠水两种。给水管可设于池的中央或一端，有时做成喷水、壁泉等形式，如广州火车东站前广场的大型叠水入水口就设计成涌泉形式。

　　2. 排水

　　为使过多的水或陈腐的水排出，应有排水设备。排水方式有两种，分别为水平排水和水底排水。水平排水是为保持池水的一定深度而设，水量超过水平排水口时，水自该排水口溢出，为防树叶杂物流入管内阻塞，可考虑附滤网。水底排水是在清理水池时为将池水全部排出而设，排水口设置于池底最低洼处。水底排水与水平排水可联合设置。排水管及给水管应在池底水泥未造就前即埋入（见图 4-64、图 4-65、图 4-66 和图 4-67）。

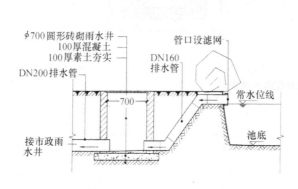

图 4-64　水平排水设计大样图

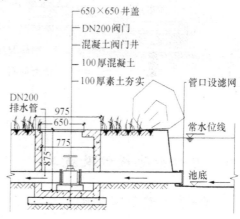

图 4-65　水底排水设计大样图

　　3. 试水

　　试水应在水池全部施工完成后进行。试水的主要目的是检验结构安全度、检查施工质量。试水时应先封闭管道孔，由池顶放水入池，一般分几次进水，根据具体情况，控制每次进水高度。从四周上下进行外观检查，并做好水面高度标记，连续观察 7 d，外表面无渗漏且水位无明显降落方为合格。

　　水池施工中还涉及许多其他工种与分项工程，如假山工程、给排水工程、电气工程、设备安装工程等。

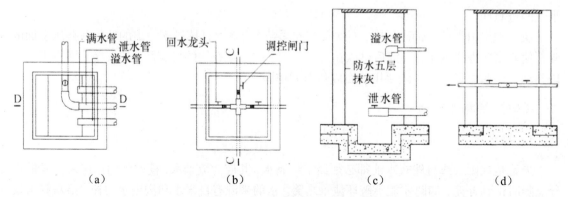

图 4-66　水池上下水闸门井做法

（a）水池下水闸门井平面；（b）水池上水闸门井平面；（c）水池下水闸门井剖面；
（d）水池上水闸门井剖面

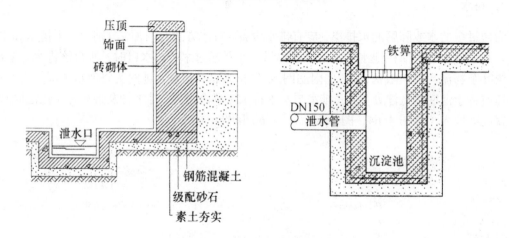

图 4-67　水池池底排水井做法

四、特殊水池设计及施工

（一）衬垫薄膜水池

城市中经常会遇到一些临时性水池的施工，尤其是在节日、庆典期间。临时性水池要求结构简单，安装方便，使用完毕后能随时拆除，在可能的情况下则重复利用。临时性水池的结构形式简单，如果铺设在硬质地面上，一般可以用角钢焊接水池的池壁，其高度一般比设计水深高 20～25 cm，池底与池壁用衬垫薄膜铺设，并应将衬垫薄膜反卷包住池壁外侧，以素土或其他重物固定。为了防止地面上的硬物破坏衬垫薄膜，可以先在池底铺厚 20 mm 的聚苯板。水池的池壁内外可临时以盆花或其他材料遮挡，并在池底铺设 15～25 mm 厚砂石。这样，一个临时性水池就完成了，还可以在水池内安装小型的喷泉与灯光设备。

如果需要设置一个使用时间相对较长的临时性水池，可用挖水池基坑的方法，而且可以做得相对自然一些（见图 4-68）。

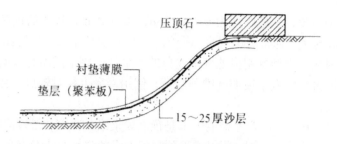

压顶石

衬垫薄膜

垫层（聚苯板）

15～25厚沙层

图 4-68　临时性水池简易构造

具体的方法步骤如下。

1. 定点放线

按照设计的水池外形，在地面上画出水池的边缘线。

2. 挖掘水坑

按边缘线开挖，因为没有水池池壁结构层，所以一般边坡限制在自然安息角范围内，挖出的土可以随时运走。挖到预定的深度后应把池底与池壁整平压实，剔除硬物和草根。在水池顶部边缘还须挖出压顶石的厚度，在水池中如果需要放置盆栽水生植物，可以根据水生植物的生长需要留土墩，土墩也要拍实整平。

3. 铺衬垫薄膜

在挖好的水池上覆盖衬垫薄膜，然后放水，利用水的重量把衬垫薄膜压实在坑壁上，并把水加到预定的深度。衬垫薄膜应有一定的强度，在放水前应摆好衬垫薄膜的位置，避免放水后衬垫薄膜无法覆盖满水面。

4. 压顶

将多余的衬垫薄膜裁去，用花岗石块或混凝土预制块将衬垫薄膜的边缘压实，并形成一个完整的水池压顶。

5. 装饰

可以把小型喷泉设备一起放在水池内，并摆上水生植物的花盆。

6. 清理

清理现场内的杂物杂土，将水池周围的草坪恢复原状。这样，一个临时性水池就完成了。

（二）预制模水池

1. 预制模水池的种类及应用

预制模是国外较为常用的一种小型水池制造方法，通常用高强度塑料制成，如高密度聚乙烯塑料（HDP）、聚乙烯基氯化物、ABS 工程塑料和玻璃纤维等，易于安装。预制模最大跨度达 3.66 m，但以小型为多，一般跨度为 0.9～1.8 m，深 0.46 m，最小的仅深 0.3 m。由于池小水浅，用预制模建造的池塘通常会出现水温变化大（影响池鱼生长）和池面空间过小（造成池鱼缺氧）等问题，因此，小型预制模池塘中池鱼的数量低于该空间所允许的最大限度数量。

塑料预制模的造价一般低于玻璃纤维预制模，使用寿命也相对较短，数年之后就会变脆、开裂和老化。

在选购预制模时，另一个需要考虑的因素是预制模上沿的强度。因为塑料模具边沿上的石块和铺路材料会使池壁变形、开裂，所以增强预制模上沿的强度是十分必要的，运用混凝土地基也是明智的选择。尽管玻璃纤维预制模也需做一些技术处理，但无需这么多的加固措施。为避免日后出现麻烦，选定使用塑料预制模后，要确保预制模上沿水平，绝对不能弯翘。

预制模有各种规格，许多预制模上都留有摆放植物的池台。在选择这类预制模时，一定要注意池台的宽度能放得下盆栽植物。尽管玻璃纤维预制模价格较高，但可以按要求设计制作，因此安装时相对容易，也更能体现个人品位。以下是现在较为常用的衬垫薄膜水池、预制模水池衬垫材料及施工方法的比较（见表 4-3）。

表 4-3　水池衬垫材料及施工方法比较

种　类	持久性	是否易于安装	设计灵活性	是否易于修理	评　价
标准聚乙烯衬料	不好	比较容易	好	难	脆，易破碎，不易钻孔
PVC 衬料	较好到好	容易	很好	看材料情况	脆，易破碎，不易钻孔
丁基衬料	很好	容易	特别好	随时可以	脆，易破碎，不易钻孔
预塑水池法	视材料而定	一般	有限	大部分可以	表面光滑
标准浇筑法	视做工而定	很难	好到很好	难	非常坚固，需要黏合

2. 预制模水池的安装

专业安装池塘预制模不仅要画线、挖坑和回填。首先要使预制模边缘高出周围地面 2.5～5 cm，以免地表径流流入池塘污染池水或造成池水外溢。挖好的池底和池台表面都要铺上一层 5 cm 厚的黄沙，在开挖前就必须确定下来，开挖时便可以把沙层的厚度计算在内，否则预制模池体就会高出地面。如果池沿基础较为牢固，可用一层碎石或石板来加固。池塘周围用挖出的土或新鲜的表土覆盖，以遮住凸起的池沿。

施工程序可参考临时性水池。破土动工之前，要平整土地。修建形状规则的池塘时可将预制模倒扣在地面上画线，而修建形状不规则的池塘时则可用拉线的方法帮助画线。

整个池塘挖好后，用水平仪测量池底和池台的水平面，清除松土、石块和植物根茎。然后在整个池底和池台上铺 5 cm 厚的沙子，砸实后再仔细测量其水平面。准备好一根水管，必要时随时在沙子上洒水，因为干沙子很容易从池台上滑落下来，积在池底与池壁的边缘里，给安装预制模造成麻烦。

将预制模放入挖好的池中，测量池沿的水平面，同时往池中注入 2.5～5 cm 深的水。注水时慢慢沿池边填入沙子。用水管接水将沙子慢慢冲入池边。将池水几乎注满，同时用水将回填沙冲入，使回填沙与池水基本处于同一水平线上。然后，再继续测量池沿的水平面。当回填沙达到挖好的池沿，而且预制模边也处于水平时，便可以加固池边了。加固池边材料为现浇混凝土、加水泥的土或一层碎石。然后也可在池塘上设瀑布或水槽。

（三）水生植物池与养鱼池

可通过池壁预留种植池或摆放盆栽植物，还可将植物与景石结合，构建较为贴近自然生态的水池景观（见图4-69、图4-70）。

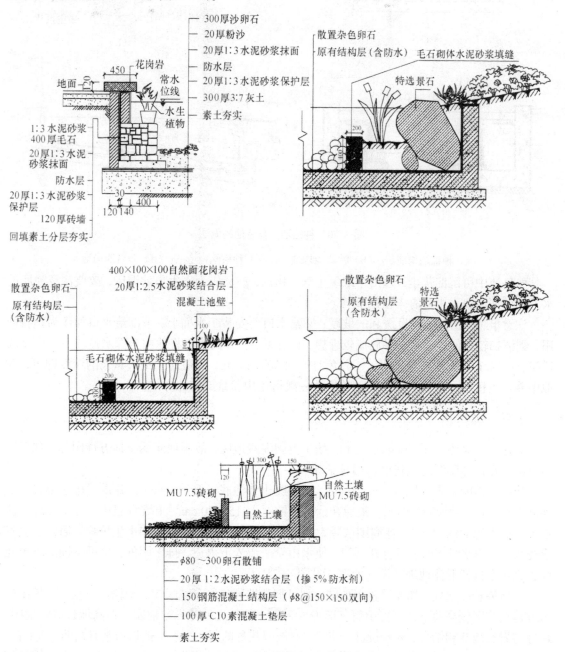

图 4-69　各种可种植植物的水池池壁

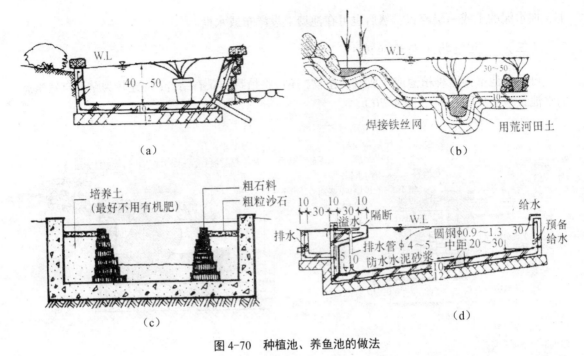

图 4-70 种植池、养鱼池的做法

（a）种植池构造一；（b）种植池构造二；（c）种植池构造三；（d）养鱼池构造

养鱼池中可沉淀灰尘，鱼由于缺氧生病、死亡，亦会成为寄生虫的温床，故要注意池底的水不能变浑浊，水中要有丰富的氧气。

注意事项：①池底要设缓和的坡度；②给水口要安装于水面上，下部给水口如作为预备使用，则清扫较方便；③水如果放流较理想，以在夏天 1 d 内就能将池内全部水量的一半更换较适当，水温在 25℃左右最理想；④养鱼时池深 30~60 cm，一般达到最大鱼长的深度即可；⑤池中养水生植物可增加水池的生动效果，一般可使用盆景或植孔方式。

（四）湿地园

湿地园又名沼泽园（bog garden），始于英国泥炭地区，故湿地园属于地方性园林。现在湿地园是指在低洼阴湿之地建设的园林景观。

建造湿地园首先掘地深 60~70 cm，铺混凝土作池底，厚约 10 cm，并设置排水装置，上加砾石 5 cm，再铺沙粒 5 cm，最后在沙上平铺泥土 15~20 cm。土壤宜肥沃，并呈酸性。洼地平均低于地面约 30 cm。池周围散置大块山石，池内种植湿地草类和水生植物。通常池底宜设排水管，积水过多时，可打开阀门，使水由管子流入下水道，排于园外；也可不铺混凝土池底，直接在自然低洼地进行设计建造（见图 4-71）。

在地势较高之处，如要设置湿地园，则可掘地造园。先在该区较低地段向下挖掘，挖出的土方运至该区较高地段，上置山石，辟为岩石园，挖低之处建设湿地园。在高地建立湿地园，最好与岩石园互相结合，同步设计、施工。湿地园栽种的湿生、水生植物通常有菖蒲、莲、芒、慈姑、荸荠、睡莲、凤眼莲、小毛毡苔、石菖蒲、萍蓬草、苦荞麦、水田芥、三白草、香蒲和芦苇等。

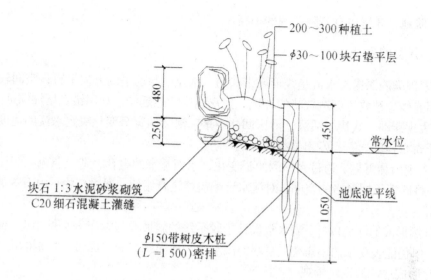

图4-71 人工湿地池壁做法

不同的水草生活在不同的水环境中，例如：鸢尾、蝴蝶花生长在靠近水池的陆地上；玉蝉花、花菖蒲、水芹、芦苇、莎草等生长在水边；燕子花生活在水深7～8 cm处；水蔗草、茭笋、灯心草长在水深5～10 cm处；睡莲所需水深为30 cm，而其种子发芽则需水深10 cm；莲花、慈姑所需水深为20 cm左右；萍蓬草则适合在深1 m左右、无暗流的地方生长；凤眼莲一般漂浮在水面上。大、中型鱼池应修筑挡土墙，池底铺垫荒木田土等水田常用的底土。小型池塘一般可利用瓦盆栽种水草，长成后再植入水中。在蜻蜓池一类生态调节水池中，可利用黏土类的截水材料防渗漏。

第四节 流 水

一、流水的形式及特点

水景设计中的流水形式多种多样，例如：中国园林、日本园林中具有代表性的自然式溪流；法国园林等欧式园林中的水渠——用以连接为远眺、对景而设的壁泉、水池等，具有一定的装饰作用的沟渠等。流水的形态可根据水量、流速、水深、水宽、建材和水渠自身的形式等进行不同的创作设计。

（一）小溪的模式

根据自然界中小溪的形式分析，小溪的模式基本是：①小溪是弯弯曲曲的，蜿蜒曲折的河道不仅是造景的需要，也是水流动时自然产生的；②溪中有汀步、小桥，有滩池、洲，还有岩石、跌水、阶地；③岸边有若隐若现的小路。

（二）小溪的特点

（1）表现幽静深邃。水流是线形或带状的。水流应与前进的方向平行；空间较窄，岸线曲折；利用光线、植物等创造较暗的环境。把视线或情感延伸，利用错觉增加深远感。

（2）表现跃动、欢快、活泼。河床凹凸不平，河床的宽窄变化决定水流的速度和形态。河水拍击千奇百怪的岩石，发出抑扬顿挫的声音。

（3）表现山林野趣。通过水形的曲折变化、水面宽窄的组合，造成急流、缓流，表现深远、平静、跳跃等不同风格的空间。对流水音响韵律进行组织，通过植物、山石等的配置，渲染山林的野趣。

除了自然形成的河流以外，流水常设计于较平缓的斜坡或与瀑布等水景相连。流水虽局限于槽沟中，但仍能表现水的动态美。潺潺的流水声与波光粼粼的水面带来特别的山林野趣，甚至也可借此形成独特的现代景观。

流水依其流量、坡度、槽沟的大小和槽沟底部与边缘的性质而有各种不同的特性。如槽沟的宽度及深度固定，质地较为平滑，流水也较平缓稳定。这样的流水适宜于宁静、悠闲、平和的景观环境。如槽沟的宽度、深度富有变化，而底部坡度也有起伏，或是槽沟表面的质地较为粗糙，流水就容易形成涡流（旋涡）。槽沟的宽窄变化较大处容易形成旋涡。流水的翻滚具有声色效果。因此流水的设计多仿自然的河川，盘绕曲折，但曲折的角度不宜过小，曲口必须较为宽大，引导水向下缓流。一般均采用“S”形或“Z”形，使其自然曲折，但曲折不可过多，否则有失自然。

有流水道之形但实际上无水的枯水流，在日式庭园中颇多应用，其设计与构造完全是以人工仿袭天然的做法，给游人以暂时干枯的印象，干河底放置石子石块，构成一条河流，如两山之间的峡谷。设计枯水流时，如果偶尔在雨季，枯水流会成为真水流，因此其堤岸的构造应坚固。

二、流水的设计原则与内容

（一）溪流设计的一般原则

（1）明确溪流的功能，如观赏、嬉水、养殖和种植等。根据功能进行溪流水底、防护堤细部、水量、水质、流速的设计调整。

（2）游人可能涉入的溪流，其水深应在30 cm以下，以防儿童溺水。同时，水底应做防滑处理。另外，对不仅用于儿童嬉水，还可游泳的溪流，应安装过滤装置（一般可将瀑布、溪流、水池的循环及过滤装置集中设置）。

（3）为使庭园更显开阔，可适当加大自然式溪流的宽度，增加曲折，甚至可以采取夸张设计。

（4）溪底可选用大卵石、砾石、水洗砾石、瓷砖、石料等进行铺砌处理，以美化景观。大卵石、砾石溪底尽管不便清扫，但如果适当加入沙石、种植苔藻，可以更好地展现其自然风格，也可减少清扫次数。

（5）水底与防护堤都应设防水层，以防止溪流渗漏。

（6）种植水生植物处的水势会有所减弱，应设置尖桩压实植土。

（二）流水设计的内容

1. 流水的位置确定

水流常设于假山之下、树林之中或水池瀑布的一端，应避免贯穿庭园中央，因为水流为线的运用，宜使水流穿过庭园的一侧或一隅。

2. 流水的坡度与深度、宽度确定

溪流的坡势依流势而设计，急流处为 3% 左右，缓流处为 0.5%～1%。普通的溪流，其坡势多为 0.5% 左右，溪流的宽度为 1～2 m，水深 5～10 cm。大型的溪流（如某亲水公园的溪流）长约 1 km，宽 2～4 m，水深 30～50 cm，河床坡度只有 0.05%，相当平缓，其平均流量为 0.5 m^3/s，流速为 20 cm/s。

一般溪流的坡势应根据建设用地的地势及排水条件等决定。上游坡度宜大，下游宜小。在坡度大的地方放圆石块，坡度小的地方放沙砾。坡度的大小在于给水的多寡，给水多则坡度大，给水少则坡度小。坡度的大小没有限制，可大至 90°、小至 0.5%。平地上坡度宜小，坡地上坡度宜大。水流的深度可为 20～35 cm，宽度则依水流的总长和园中其他景物的比例而定。

3. 植物的栽植

水流两岸可栽植各种观赏植物，以灌木为主，草本为次，乔木类宜少。在水流弯曲部分，为求隐蔽曲折，弯曲大的地方可栽植树木，浅水弯曲之处则可放入石子、栽植水生花草等，以增强美观效果，这个过程需考虑透视线。

4. 附属物的设置

在适当的地方可设置栏杆、桥梁、园亭、水钵、雕像等，以增加浪漫色彩，使园景既有自然美，又有人工美。

日本园林的溪流中，为尽量展示溪流、小河流的自然风格，常设置各种主景石，如隔水石（铺设在水下，以提高水位线）、分水石或破浪石（设置在溪流中，使水产生分流的石头）、河床石（设在水面下，用于观赏的石头）、垫脚石（支撑大石头的石头）、横卧石（压缩溪流宽度，以形成隘口、海峡的石头）等。在天然形成的溪流中设置主景石，可更加突出其自然魅力。

三、流水的构造及营建

1. 水源及其设置

园内的水源，可与瀑布、喷水或假山石隙中的泉洼相连，其出水口须隐蔽方显自然。将水引至山上，使其聚集一处成瀑布流下，或以岩石假山伪装，使水从石洞流出，或使水从石缝中

流出。

2. 河岸的构造分类

两边堤岸的角度，除人工式可用 90° 外，一般以 35° ~ 45° 为宜，依土质及堤岸的坚固程度而异。堤岸的构造，可分为以下三种。

（1）土岸。水流两岸坡度宜较小，需较黏重不会塌崩的土质，在岸边宜培植细草。

（2）石岸。在土质松软或要求坚固的地方，两边堤岸用圆石堆砌。

（3）混凝土岸。为求堤岸的安全及永久牢固，可用混凝土岸。人工式庭园混凝土岸可磨平或作假斩石，或用表层块料铺装，如石材、马赛克、砖料等；自然式庭园的混凝土岸则宜在其表面做石砾，以增加美观。

3. 流水道结构

各类常见流水道如图 4-72、图 4-73 所示，图 4-74 所示是针对建筑物室内或屋顶园林溪流形式做法的结构大样图。

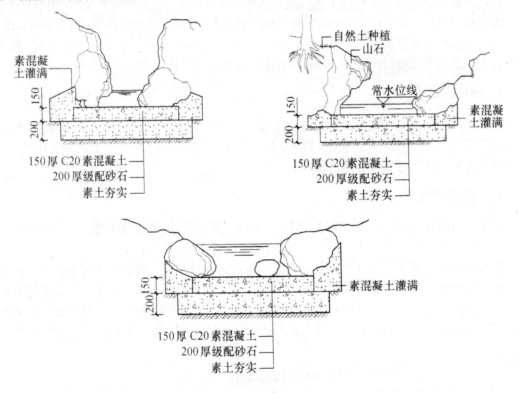

图 4-72　自然山石小溪结构图

四、园桥

桥在景观中不仅是路在水中的延伸，而且还参与组织游览路线，也是水面重要的风景观赏点，并自成一景（见图 4-75）。园桥常见的形式有以下几种。

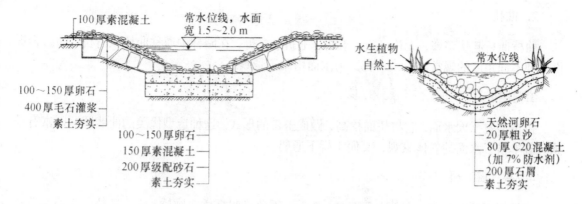

图 4-73　卵石护坡小溪结构图

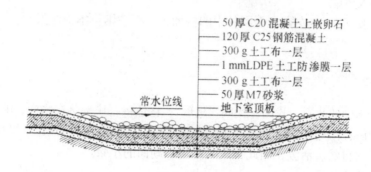

图 4-74　室内或屋顶溪流结构大样图

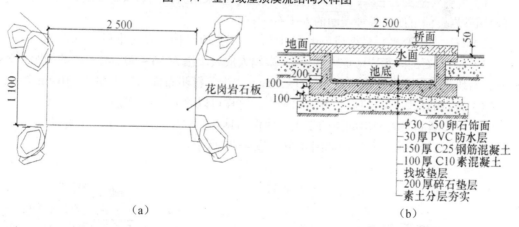

（a）

（b）

图 4-75　园林小桥实例

（a）石桥平面；（b）石桥剖立面

1．平桥

平桥简朴雅致，紧贴水面，或增加风景层次，或平添不尽之意，或便于观赏水中倒影、池中游鱼，或平中有险，别有一番乐趣。

2．曲桥

曲桥曲折起伏多姿，无论三折、五折、七折、九折，在园林中通称曲桥或折桥，为游客提供各种不同角度的观赏点，桥本身又为水面增添了景致。

3．拱桥

拱桥多置于大水面，它将桥面抬高，做成玉带的形式。这种造型优美的曲线圆润而富有动感，既丰富了水面的立体景观，又便于桥下通船。

4．亭（廊）桥

亭桥以石桥为基础，在其上建有亭、廊等，因此又叫亭桥或廊桥，除一般桥的交通和造景功能外，还可供人休憩。

公路桥允许坡度在 4%左右，而园林中的桥如为步行桥则可不受此限制。

五、汀步

汀步是置于水中的步石，我国古代叫"礐礐"。它是将石块平落在水中，供人蹑步而行的。《竹书纪年》中讲："（周穆王）大起九师，东至于九江，叱礐礐以为梁。"可见它是桥的"先辈"之一。由于它自然、活泼，因此常成为溪流、湖面的小景。

汀步设计的要点如下。

（1）基础要坚实、平稳，面石要坚硬、耐磨。多采用天然的岩块，如凝灰岩、花岗岩等，不宜使用砂岩，但可使用各种美丽的人工石。

（2）石块表面要平，忌做成龟甲形以防滑，又忌有凹槽，以防止积水和结冰。

（3）汀石布石的间距应考虑人的步幅，中国人成人步幅为 56～60 cm，石块的间距可为 8～15 cm，石块不宜过小，一般应在 10 cm×40 cm 以上。汀步石面高出水面 5～10 cm 为好。

（4）置石的长边应与前进的方向相垂直，这样可以给人一种稳定的感觉。

（5）汀步置石须表现出韵律的变化，使作品具有生机和活跃感，富有音乐之美。

园林常用汀步的形式及构造如图 4-76、图 4-77 所示。

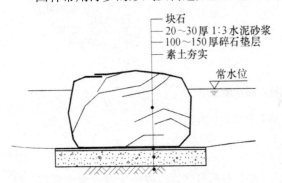

图 4-76　自然山石汀步结构大样图

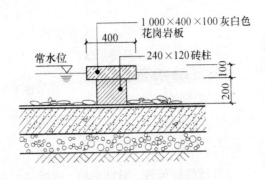

图 4-77　规则式汀步结构大样图

第五节 落 水

一、落水的形式及特点

凡利用自然水或人工水聚集一处，使水从高处跌落形成白色水带，即为落水。落水的水位有高差变化，常成为设计焦点，变化丰富，视觉趣味多。落水向下澎湃的冲击水声、水流溅起的水花，都能给人以听觉上和视觉上的享受。根据落水的高度及跌落形式，可以分为以下五种。

1. 瀑布

瀑布本是一种自然景观，是河床具陡坎造成的。如水从悬崖或陡坡上倾泻下来而成的水体景观，或者是河流纵断面上突然产生坡折而跌落下来的水流。瀑布可分为面形和线形。面形瀑布是指瀑布宽度大于瀑布的落差，如尼亚加拉大瀑布，总宽约 1 240 m，落差约 50 m。线形瀑布是指瀑布宽度小于瀑布的落差，如萨泰尔连德瀑布，瀑面不宽，而落差却有 580 m。景观中的瀑布按其跌落形式被赋予各种名称，如丝带式瀑布、幕布式瀑布、阶梯式瀑布、滑落式瀑布等，并模仿自然景观，设置各种主景石，如镜石、分流石、破滚石、承瀑石等。

通常情况下，由于人们对瀑布形式的喜好不同，瀑布自身的展现形式也不同，加之表达的题材及水量不同，因此造就出了多姿多彩的瀑布（见图 4-78）。

2. 跌水

跌水指欧式园林中常见的呈阶梯式跌落的瀑布。跌水本质上是瀑布的变异，强调一种规律性的阶梯落水形式，是一种强调人工美的设计形式，具有韵律感及节奏感。它是落水遇到阻碍物或平面使水暂时水平流动所形成的，水的流量、高度及承水面都可通过人工设计来控制，在应用时应注意层数，以免适得其反。

3. 斜坡瀑布

这也是瀑布的一种变化形式，落水由斜坡滑落，其表面效果受斜坡表面质地、性质的影响，体现了一种较为平静、含蓄的意趣。

4. 枯瀑

有瀑布之形而无水者称为枯瀑，多出现于日式庭园中。枯瀑可依枯水流的设计形式，完全用人为手法造出与真瀑布相似的效果。凡高山上的岩石经水流过之处，石面即呈现一

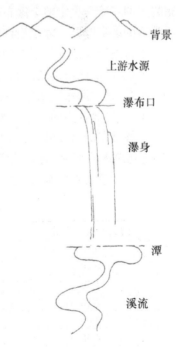

图 4-78 瀑布模式图

种铁锈色，人工营建时可在石面上涂铁锈色氧化物，周围树木的种植也与真瀑布相同。干涸的蓄水池及水道都可改为枯瀑。

二、瀑布的设计与营建

（一）瀑布的基本设计要点

（1）筑造瀑布景观应师法自然，以自然的瀑布作为造景砌石的参考，来体现自然情趣。

（2）设计前须先行勘查现场地形，以决定大小、比例及形式，并依此绘制平面图。

（3）瀑布设计有多种形式，筑造时要考虑水源大小、景观主题，并按照岩石组合形式的不同进行合理的创新和变化。

（4）庭园地势平坦时，瀑布不要设计得过高，以免看起来不自然。

（5）为节省瀑布流水的损失，可装置水泵以形成循环水流系统，平时只需补充一些因蒸发而损失的水。

（6）应以岩石及植物隐蔽出水口，切忌露出塑胶水管，否则将破坏景观的自然感。

（7）岩石间的固定除用石与石互相咬合外，还常以水泥强化其安全性，但应尽量以植物掩饰，以免破坏自然山水的意境。

（二）瀑布用水量估算

同一条瀑布，如瀑身水量不同，就会演绎出从宁静到宏伟的不同气势。尽管循环设备与过滤装置的容量会决定整个瀑布循环规模，但是就景观设计而言，瀑布落水口的水流量（自落水口跌落的瀑身厚度）才是设计的关键。

以普通瀑高 3 m 的瀑布为例，可按如下标准设计。

（1）沿墙面滑落的瀑布，水厚 3 ~ 5 mm。

（2）普通瀑布，水厚 10 mm 左右。

（3）气势宏大的瀑布，水厚 20 mm 以上。

一般瀑布的落差越大，所需水量越多。反之，则需水量越少。

盛瀑潭内的水量、循环速度由水泵调节，因此，为了便于调节水量，应选用容量较大的水泵。

人工建造瀑布用水量较大，因此多采用水泵循环供水，其用水量标准可参阅表4-4。

表4-4　瀑布用水量设计（每米用水量）

瀑布的落水高/m	堰顶水膜厚度/m	用水量/（m³/min）
0.30	0.006	0.18
0.90	0.009	0.24
1.50	0.013	0.30
2.10	0.016	0.36
3.00	0.019	0.42
4.50	0.022	0.48
7.50	0.025	0.60
>7.50	0.032	0.72

国外有关资料表明，高 2 m 的瀑布，每米宽度的用水量约为 0.5 m³/min 较为适宜。国内经验以每秒每延长米 5～10 L 或每小时每延长米 20～40 L 为宜。

瀑布用水量估算公式为

$$Q = K \times B \times H^{3/2}$$

式中：K——系数，K =107.1+（0.177/H +14.22/D ×H ）;

　　　　——用水量（m³/s）;

　　　　——堰幅（宽，m）;

　　　　——堰顶水膜厚度（m）;

　　　　——贮水槽深（m）。

计算结果加 3% 的富余量。

（三）瀑布落水的基本形式

瀑布落水的形式有：泪落、线落、布落、离落、丝落、段落、披落、二层落、对落、片落、重落、分落、帘落、滑落和乱落等（见图 4-79）。

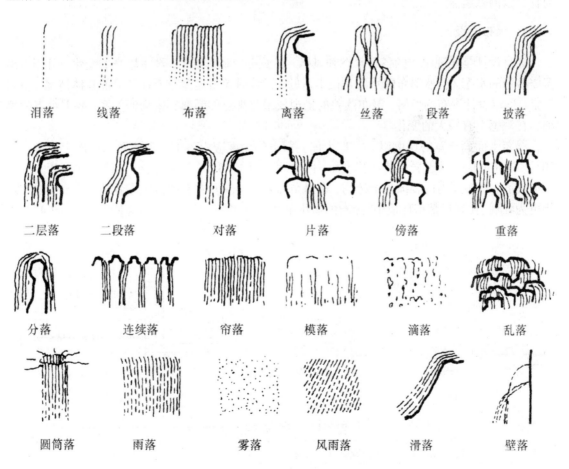

泪落　　线落　　布落　　离落　　丝落　　段落　　披落

二层落　二段落　对落　　片落　　傍落　　重落

分落　　连续落　帘落　　模落　　滴落　　乱落

圆筒落　雨落　　雾落　　风雨落　滑落　　壁落

图 4-79　瀑布落水的基本形式

（四）瀑布的构成及营建

1. 水槽

不论引用自然水源还是自来水，均应于出水口上端设立水槽储水。水槽设于假山上隐蔽的地方，水经过水槽，再由水槽中落下。采用何种瀑布形式除根据自然情景外，还应由水源决定：水的供给量达 1 m³/s 者，可用重落、离落、布落等；如水的供应量仅达 0.1 m³/s，可用线落、丝落等。

2. 出水口

出水口应模仿自然，并以树木及岩石加以隐蔽或装饰。当瀑布的水膜很薄时，能表现出极其生动的水态，但如果堰顶水流厚度只有 6 mm，而堰顶为混凝土或天然石材时，由于施工过程中很难把堰口做得平整、光滑，因此容易造成瀑身水幕的不完整，在塑造整形水幕时影响景观质量。为克服混凝土或天然石材堰口的缺点，可以采用以下方法处理：①以青铜或不锈钢制成堰唇，以保证落水口平整、光滑；②加深堰顶蓄水池的水深，以形成较为壮观的瀑布；③堰顶蓄水池可以采用花管供水，或在出水管口设挡水板，降低流速，一般控制流速为 0.9 ~ 1.2 m/s 为宜，以消除紊流。

3. 瀑布面设计

瀑身设计是表现瀑布的各种水态和风格。在城市景观造景中，注重瀑身的变化，可创造出多姿多彩的水态。天然瀑布的水态是很丰富的，设计时应根据瀑布所在环境的具体情况、空间气氛，确定设计瀑布的性格。瀑布落差的景观效果与视点的距离有密切的关系，随着视点的移动，在观感上有较大的变化。

瀑布水面高与宽的比例以 6∶1 为佳。落下的角度应由落下的形式及水量而定，最大为 90°。瀑布面应全部以岩石装饰其表面，内壁面可用 1∶3∶5 的混凝土，高度及宽度较大时则应加钢筋。瀑布面内可装饰若干植物，在瀑布面外的上端及左右两侧宜多栽植树木，使瀑布水势更为壮观。在现代都市环境中，瀑布的运用手法多种多样，不完全遵循这种比例（见图 4-80）。

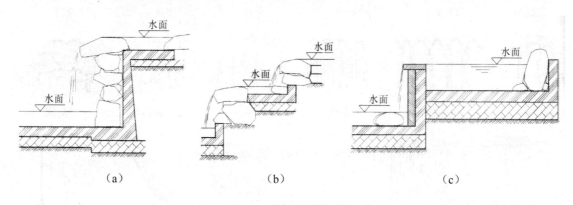

图 4-80　瀑布形式剖面图

（a）瀑布——远离落水；（b）瀑布——三段落水；（c）瀑布——连续落水

一般水流沿垂直墙面滑落时，会做抛物线运动。因此，对高差大、水量多的瀑布，若设计其沿垂直墙面滑落，应考虑抛物线因素，适当加大盛瀑潭的进深。对高差小、落水口较宽的瀑布，若减少水量，瀑流则呈幕帘状滑落，并在瀑身与墙体间形成低压区，致使部分瀑流向中心集中，"哗哗"作响，还可能割裂瀑身，因此应采取预防措施，如加大水量或对设置落水口的山石做拉道处理，凿出细沟，使瀑布呈丝带状滑落。

通常情况下，为确保瀑流能够沿墙体平稳滑落，常对落水口处山石做卷边处理，也可根据实际情况，对墙面做坡面处理。

4. 潭（蓄水池）

天然瀑布落水口下面多为一个深潭。在做瀑布设计时，也应在落水口下面做一个受水池。为了防止落水时水花四溅，一般的经验是受水池的宽度不小于瀑身高度的2/3（见图4-81），即

$$B = \frac{2}{3} H$$

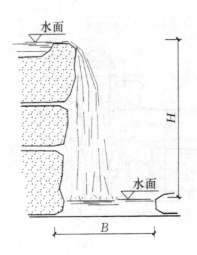

图4-81　瀑布落差高度与潭面宽度的关系

（五）瀑布循环水流系统

水源是形成瀑布的重要因素，特别是在人工瀑布设计中，要提供充足的水源。如果园内有天然的水源并形成落差，可以直接利用，但多数情况下采用用泵循环供水的人工水源（见图4-82）。

三、跌水的设计与营建

跌水的外形就像一道楼梯，其构筑的方法和瀑布基本一样，只是所使用的材料更加人工化，如砖块、混凝土、厚石板、条形石板或铺路石板，目的是要取得规则式设计所严格要求的几何结构。台阶有高有低，层次有多有少，构筑物的形式有规则式、自然式及其他形式，因饰面材料与贴法不同，均产生了形式不同、水量不同、水声各异的丰富多彩的跌水（见图4-83）。

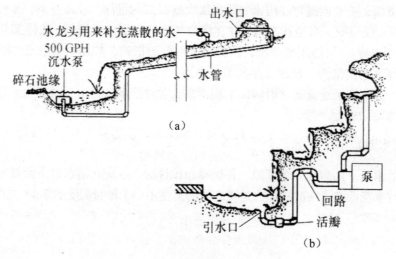

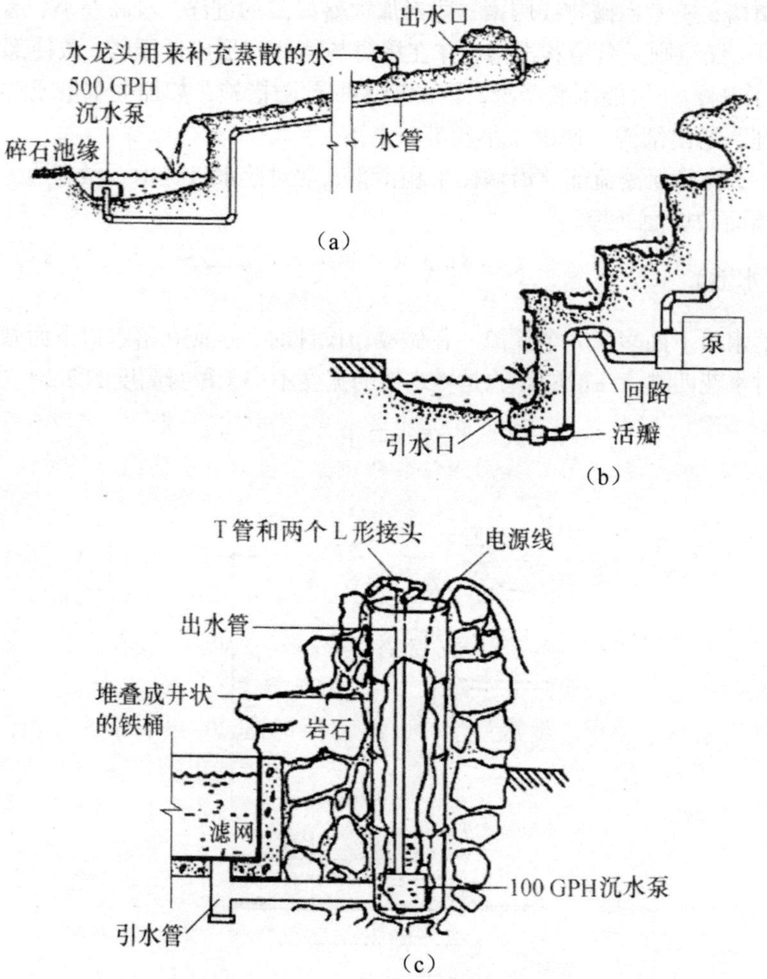

图 4-82　瀑布循环水流系统示意图

（a）瀑布——沉水泵；（b）瀑布——水平式泵；（c）瀑布——大型沉水泵

平静的表面产生　　交迭的表面产生呈水平韵律　　水平肋状表面产生多层泡状水幕　　阶梯状表面产生无数水滴，
玻璃样的水幕　　　变化的泡沫水雾　　　　　　　　　　　　　　　　　　　　　　　每个水滴反射光源

图 4-83　不同表面产生不同的水幕效果

跌水是善用地形、美化地形的一种最理想的水态，具有很广泛的利用价值（见图 4-84、图 4-85、图 4-86 和图 4-87）。

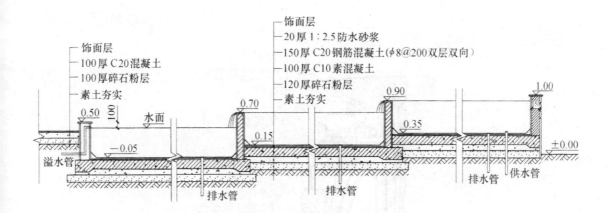

图 4-84　混凝土跌级水池一

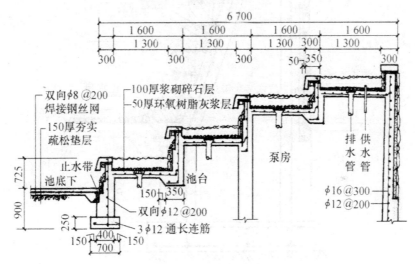

图 4-85　混凝土跌级水池二

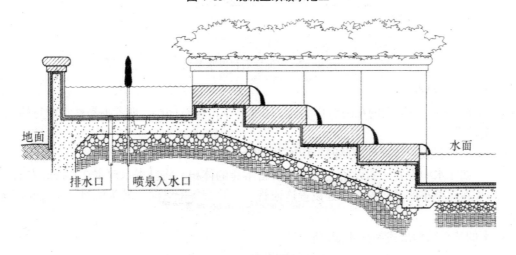

图 4-86　光面石材跌级水池

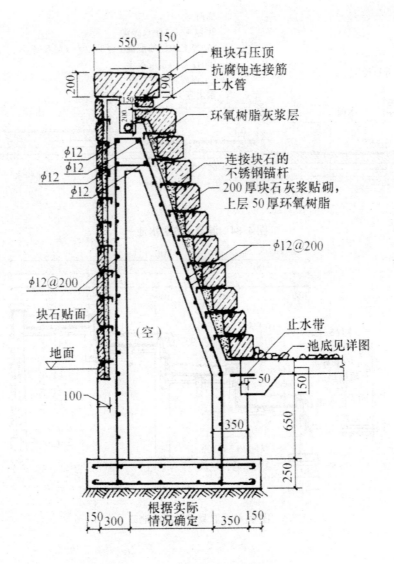

图 4-87　自然面石材跌水景墙

跌水的设计要点。

（1）如采用平整饰面的花岗岩作墙体，因墙体平滑没有凹凸，观者不易察觉瀑身的流动，影响观赏效果。

（2）用料石或花砖铺砌墙体时，应密封勾缝，以免墙体"起霜"。

（3）如在水中设置照明设备，应考虑设备本身的体积，将基本水深定在 30 cm 左右。

（4）在高差小的瀑布落水口处设置连通管、多孔管等配管时，较为醒目，设计时可考虑添加装饰顶盖。

跌水的基本结构形式如图 4-88 所示。

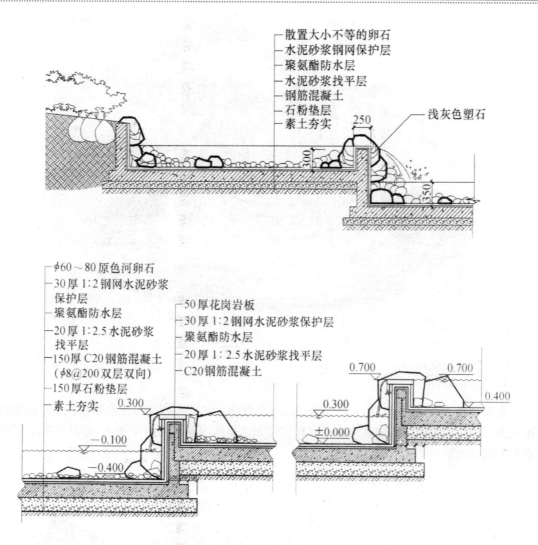

图 4-88　跌水的基本结构及池底详图

四、其他落水形式

1. 水帘亭

　　水由高处直泻下来，由于水孔较细小、单薄，流下时仿若水的帘幕。这种水态在古代亦用于亭子的降温，水从亭顶向四周流下如帘，称为"自雨亭"。现在这种水帘亭常见于园林中（见图 4-89）。这种水态用于园门则形成水帘门，可以起到分隔空间的作用，产生似隔非隔、又隐又透的朦胧意境。近年来，在旅游景点出现了一种水幕电影，它是利用高压喷水装置，使喷水呈细水珠状的水幕，在幕上放映电影，尤其适合大反差、大逆光及透明体的影像，这使得园林理水又多了一种为形象艺术服务的水态。

图 4-89　水帘亭

2．溢流及泻流

水满往外流谓之溢流。人工设计的溢流形态取决于池的面积大小及形状层次，如直落而下则成瀑布，沿台阶而流则成跌水，或以杯状物如满盈般渗漏（见图 4-90），亦有类似工厂冷却水形态的溢流。

图 4-90　香港屯门海洋公园溢流杯

泻流的含义原来是低压气体流动的一种形式。在园林水景中，将那种断断续续、细细小小的流水称为泻流，它的形成主要是降低水压，借助构筑物的设计点点滴滴地泻下水流，一般多设置于较安静的角落。

3. 管流

水从管状物中流出称为管流。这种人工水态主要来源于自然乡野的村落，村民常以挖空中心的竹竿引山泉之水，常年不断地流入缸中，以作为生活用水。近年园林中则多使用水泥管道，大者如槽，小者如管，组成丰富多样的管流水景。回归自然已成为当前园林设计的一种思潮，因此在借用农村管流形式的同时，也将农村的水车形式引入园林，甚至在仅有 1 m 多宽的橱窗中也设计这种水体，极大地丰富了城市环境的水景。

4. 壁泉

水从墙壁上顺流而下形成壁泉，主要有以下三种类型。

（1）墙壁型。在人工建筑的墙面，不论其凹凸与否，都可形成壁泉，而其水流不一定都是从上面流下，可设计成具多种石砌缝隙的墙面，水由墙面的各个缝隙中流出，产生涓涓细流的水景。

（2）植物型。在中国园林中，常将垂吊植物（如吊兰、络石等）的根块塞入若干细土，悬挂于墙壁上，以水随时滋润，或"滴滴答答"发出响声，或沿墙角设置"三叠泉"。

（3）山石型。人工堆叠的假山或自然形成的陡坡壁面上有水流过，形成壁泉，尽显山水的自然美感。

第六节　喷　泉

一、喷泉在景观中的作用

喷泉最早起源于古希腊时代的饮用水源，到古罗马时代产生了雕刻和装饰造型喷泉。喷泉常设置在高水位处，利用压力使水自孔中喷向空中，再自由落下。因此，喷泉是由压力水向上喷射进行喷水造型的水景，其水姿多种多样，如蜡烛形、蘑菇形、冠形、喇叭花形和喷雾形等。其喷水高度、喷水式样及声光效果可为庭园增添无限生气，且吸引人的视线，使之成为视觉焦点。

喷泉作为理水的手法之一，常用于城市广场、公共建筑，或作为景观小品，广泛应用于室内外空间。

喷泉本身为美的装饰品，需有宽阔场所陪衬，如公园、车站、大厦广场等。由于水柱的高度、水量和机械设备均需与环境配合，因此应注意风向、水声、湿度及水滴飞散面等。喷泉通常是规则式庭园中的重要景物，被广泛地配置于规则式水池中。而在自然式水池中，则少有喷泉存在，即使有也多以粗糙起泡沫的水柱（涌泉）才能与四周环境调和。动态的喷水水景如果能配合灯光及音响效果，则将更具吸引力，也更富于变化情趣，如形成水魔术、水舞台等动态式水景。

二、喷泉的构成和喷泉的工作程序

一个喷泉主要由喷水池、管道系统、喷头、阀门、水泵、灯光照明和电器设备等组成。

(一) 喷水池

喷水池是喷泉的重要组成部分，其形状可任意变化，既可用来盛水，也是庭园中的一种装饰物，影响园中风景，起点缀、装饰、渲染环境的作用，而且能维持正常的水位以保证喷水，因此可以说喷水池是集审美功能与实用功能于一体的人工水景。

喷水池的形状、大小应根据周围环境和设计需要而定。形状可以灵活设计，但要求富有时代感。池的半径视喷水高度而定，一般水池半径应等于喷水的高度，否则风力稍强时，所喷之水即飞扬至池外，有碍行人通行、观瞻等，并造成水池缺水的后果。实践中，如用潜水泵供水，喷水池的有效容积不得小于最大一台水泵 3 min 的出水量。

决定喷水的造型后，应决定水池的构造。喷水池需要保持一定的水位高度，给排水及溢水口的预留、自然蒸发水量的补充及循环系统用蓄水池的装置，均应加以考虑。水池水深应根据潜水泵、喷头、水下灯具等的安装要求确定，其深度不能超过 70cm，否则必须设置保护措施，同时要注意与水中马达及水中照明有关，一般水中照明支架设置深度以 30cm 为宜，上沿离水面 5 ~ 10 cm 为宜，水深 50cm 以上为准。

喷水池由基础、防水层、池底和压顶等部分组成。

1. 基础

基础是水池的承重部分，由灰土和混凝土层组成。施工时先将基础底部素土夯实，密实度不得低于 85%，灰土层厚 30 cm（3∶7 灰土），C10 混凝土厚 10 ~ 15 cm。

2. 防水层

水池工程中，防水工程质量的好坏对水池能否安全使用及其寿命长短有直接影响，因此，正确选择和合理使用防水材料是保证水池质量的关键。目前，水池防水材料种类较多。按材料分，主要有沥青类、塑料类、橡胶类、金属类、砂浆、混凝土及有机复合材料等。按施工方法分，主要有防水卷材、防水涂料、防水嵌缝油膏和防水薄膜等。

水池防水材料的选用可根据具体要求确定，一般水池用普通防水材料即可。钢筋混凝土水池还可采用抹 5 层防水砂浆（水泥中加入防水粉）的做法。临时性水池则可将吹塑纸、塑料布、聚苯板组合使用，可以有很好的防水效果。

3. 池底

池底直接承受水的竖向压力，要求坚固耐久。多用现浇钢筋混凝土池底，厚度应大于20 cm，如果水池容积大，要配双层钢筋网。施工时，每隔 20 m 选择最小断面处设变形缝，变形缝用止水带或沥青麻丝填充。每次施工必须从变形缝开始，不得在中间留施工缝，以防漏水

（见图 4-91）。

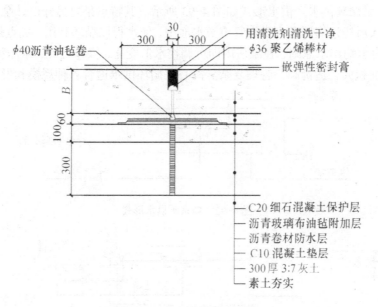

图 4-91　喷水池池底变形缝

（二）喷水装置的电源及照明

喷水使用的电源以 110 V 或 220 V 为主，大型喷水装置宜采用 220 V，功率大小则与喷水的数量及水量有关，应详细计算。水中照明可分为开放型、密闭型两种，色彩则主要由灯泡或灯罩的颜色来表现。灯泡一般为 100 W、150 W、200 W、300 W。灯泡的耐久寿命一般为 1 000 ~ 2 000 h。

（三）附属物

喷水景观经常与雕塑结合应用，而且喷水口一般设在雕塑上，雕塑或为女神、猛兽、鱼鸟，或为水盘、盆钵。雕塑既可以增加趣味，又可以在喷水停止时，使水池不显得单调。有时喷水口仅以数块岩石装饰，亦很美观。

（四）喷泉的水源及给排水方式

1. 喷泉的水源

喷泉供水水源多为人工水源，有条件的地方也可利用天然水源。人工喷泉的水源必须清洁、无腐蚀性、无臭味，符合卫生要求。喷泉除用城市自来水作为水源外，冷却设备和空调系统的废水等也可作为喷泉的水源。常用的供水方式有循环供水和非循环供水两种。循环供水又分离心泵循环供水和潜水泵循环供水两种方式。非循环供水主要是自来水供水。

（1）自来水供水。供水形式如图 4-92 所示。其供水特点是自来水供水管直接与喷水池内的喷头相接，给水喷射一次后即经溢流管排走。优点是供水系统简单、占地面积小、造价低、管理简单。缺点是给水不能重复使用，耗水量大，运行费用高，不符合节约用水要求，同时由于供水管网水压不稳定，水形难以保证。

（2）离心泵循环供水。供水形式如图 4-93 所示。其特点是要另外设计泵房和循环管道，水泵将池水吸入后经过加压送入供水管道至水池中，使水得以循环利用。优点是耗水量小，运行费用低，符合节约用水原则，在泵房内即可调控水形变化，操作方便，水压稳定。缺点是系统复杂，占地面积大，造价高，管理复杂。离心泵循环供水适合各种规模和形式的水景工程。

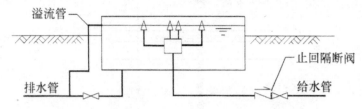

图 4-92　自来水供水形式

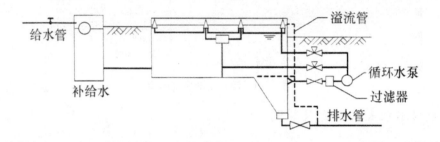

图 4-93　离心泵循环供水形式

（3）潜水泵循环供水。供水形式如图 4-94 所示。其特点是潜水泵安装在水池内，与供水管道相连，水经喷头喷射后落入池内，直接吸入泵内循环使用。优点是布置灵活，系统简单，不需另建泵房，占地面积小，管理容易，耗水量小，运行费用低。潜水泵循环供水适合于各种类型的水景工程。

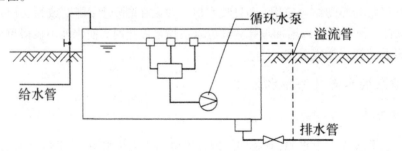

图 4-94　潜水泵循环供水形式

2. 喷泉用水的给排水方式

对于流量在 2～3 m/s 以内的小型喷泉，可直接由城市自来水供水（见图 4-95），使用后直接排入城市雨水管网。为了保证喷水具有稳定的高度和射程，供水需经过特设的水泵加压。当用水量不大时，仍可直接排入城市雨水管。

大型喷泉一般采用循环供水，其供水方式可以设水泵房，也可以将潜水泵置于喷水池或水

体内低处，循环供水（见图4-96），

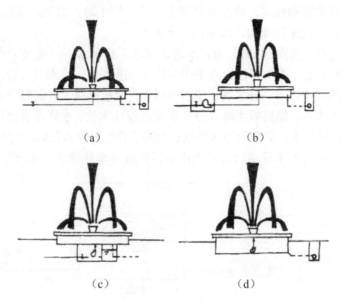

图4-95 喷泉的给排水形式

（a）小型喷泉的给排水；（b）小型喷泉加压供水；（c）设水泵房循环供水；
（d）用潜水泵循环供水

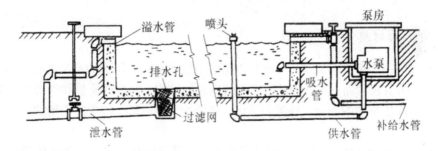

图4-96 喷泉循环供水

在有条件的地方，可以利用天然高位水作为水源，用完后自行排除。为了保持喷水池的卫生，大型喷泉还可设置专门的水泵，以供喷水池内水的循环，并在管路中设过滤器和消毒设备，以清除水中的杂物、藻类和病菌。喷水池的水应定期更换，其废水可用于周围绿地的喷灌或地面洒水。

3. 排水管及溢水口配管

为防止池水水位升高溢出，可于池壁顶部设溢流口，池水通过溢水管流入阴井，直接排放至城市下水道中。若回收循环使用，则通过溢流管回流到泵房，作为补给水回收。日久有泥沙沉淀，可经格栅沉淀室（井）进行清污，污泥由清污管入阴井而排出，以保证池水的清洁。溢流口标高应保持在距池顶200～300mm为宜。

一般给水管直径在 2.5 cm 以上、排水管直径在 6.5 cm 以上、溢水管直径在 4.0 cm 以上为适宜。水管的配置并无特别规定，依总水量而定，管径较小时，水池的清扫或给水时间加长，面积大的水池溢水管的数量要增加，以保持一定的水位。

喷泉基本工作流程（见图 4-97）为：水源（河水、自来水）→泵房（水压若符合要求，则可省去，也可用潜水泵直接放于池内而不用泵房）→进水管→将水引入分水槽或分水箱（以便喷头等在等压下同时工作）→分水器、控制阀门（如变速电机、电磁阀等时控或音控）→喷嘴→喷出各种各样的水姿。如果喷水池水位升高超过设计水位，水就由溢流口流出，进入排水井排走。喷泉采用循环供水，多余的溢水回送到泵房，作为补给水回收。时间长了出现泥沙沉淀，可通过格栅沉淀进入泄水管清污，污物由清污管进排水井排出，从而保证池水的清洁。

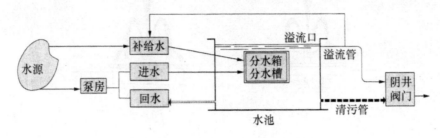

图 4-97　喷泉工作流程示意图

三、常用喷头类型及喷水造型

（一）喷头的材质

喷头是喷泉的一个主要组成部分。喷头的作用是使具有一定压力的水流经喷头后，形成各种设计的水花，喷射在水面上空。因此，喷头的形式和结构、制造的质量和外观等，都对整个喷泉的艺术效果产生重要的影响。外形需美观、耗能少、噪声低。材质便于精加工，并能长期使用。

喷头受高速水流的摩擦，一般需选用耐磨性好、不易锈蚀且具有一定强度的黄铜或青铜制成。喷头还可采用不锈钢和铝合金材料，也有采用陶瓷和玻璃的。用于室内时也可采用工程塑料和尼龙等材料，尼龙主要用于低压喷头。

喷头出水口的内壁及其边缘的光洁度对喷头的射程及喷水造型有很大的影响。因此，设计时应根据各种喷头的不同要求或同一喷头的不同部位，选择不同的光洁度。

（二）喷头的类型

喷水形式与喷头的构造因规模而异，小规模喷水可用构造比较简单的喷头。柱状喷嘴包含单柱、大口径柱、空气混合柱、水内柱等，可分为雾状喷嘴、扇形喷嘴、牵牛花形喷嘴、伞形喷嘴、水幕式喷嘴。较大规模的喷水应采用构造较复杂的喷头。设计者应充分了解喷水式样、水量及喷水高度后，再决定喷头类别与配置方式、喷水时间的精密控制和彩色照明的配合等。

目前，国内外经常使用的喷头的种类有很多，可以归纳为以下几类（见图 4-98）。

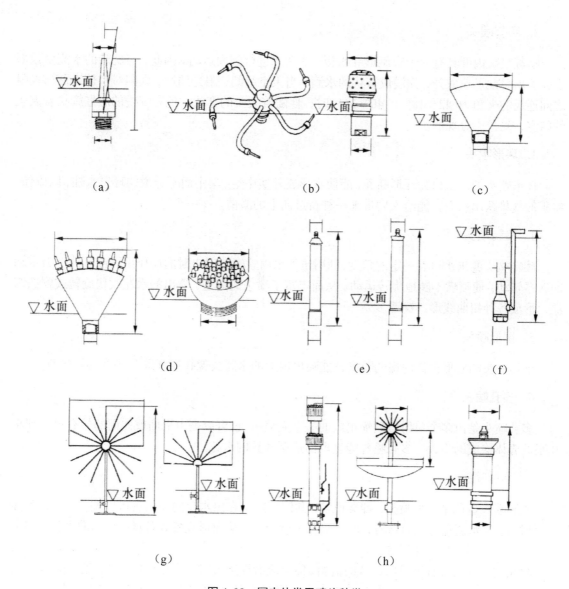

图 4-98　国内外常用喷头种类

（a）单射流喷头；（b）旋转喷头；（c）扇形喷头；（d）多孔喷头；（e）水膜喷头；

（f）吸水喷头；（g）蒲公英形喷头；（h）组合式喷头

1. 单射流喷头

单射流喷头也称为直流喷头，最简单的是垂直式射流，一般射程在 10 m 以内，而后散成水珠落下。有时承托底部装有球接头，可做 15° 的方向调整。喷头可以各种口径和方向组成有规律、有节奏的多姿射流，交织成绚丽的图案，比单股射流具有更丰富的创造力和吸引力。

单射流喷头可以单独使用，更多则是组合使用，形成多种样式的喷水形。其喷头又可分为固定式与可调式两种。

2. 喷雾喷头

喷雾喷头内部具有一个螺旋形导水板，能使水进行圆周运动。因此，当旋转的水流由顶部小孔喷出时便迅速散开，弥漫成雾状的水滴。当天空晴朗，阳光灿烂，太阳对水珠表面与人眼之间连线的夹角为 42° 18′ ～ 40° 36′ 时，伴随着蒙蒙的雾珠，色彩缤纷的彩虹辉映着湛蓝的晴空，景色十分瑰丽。

3. 环形喷头

环形喷头的出水口为环形断面，能使水形成外实中空、集中而不分散的环形水柱，以雄伟、粗犷的气势跃出水面，能给人们带来一种奋进向上的激情。

4. 旋转喷头

旋转喷头的出水口有一定的角度，利用压力水由喷嘴喷射出时的反作用力或其他动力带动回转器转动，使喷嘴不断地旋转运动。从而丰富了喷水的造型，喷出的水花欢快旋转或飘逸荡漾，形成各种扭曲线形，婀娜多姿。

5. 扇形喷头

扇形喷头的外形很像扁扁的鸭嘴，能喷出扇形的水膜或像孔雀开屏一样美丽的造型。

6. 多孔喷头

多孔喷头是由多个单射程喷嘴组成的一个大喷头，也可以是由平面或曲面的带有很多细小孔眼的壳体构成的喷头。多孔喷头能呈现出造型各异的水花。

7. 水膜喷头

水膜喷头也称半球形喷头，种类很多，共同特点是在出水口的前面有可以调节、形状各异的反射器，当水流通过反射器时，能对水花进行造型，从而形成各式各样、均匀的水膜，如牵牛花形、半球形、扶桑花形等。

喷头的喷嘴安装各种可以调节的盖帽，使射流沿周边喷射，形成各种不同造型（牵牛花形、球形、钟形）的均匀水膜。水膜喷头水声小，富有表现力，常用于室内和庭院水池中。

8. 吸力喷头

吸力喷头利用压力水喷出时在喷嘴的出水口附近形成的负压区，由于压差的作用，周围的空气和水被吸入喷嘴外的套筒内，与喷嘴内喷出的水混合后喷出。这时水柱的体积膨大，同时因混入大量细小的空气泡，形成乳白色不透明的水体。它能充分地反射阳光，因此色彩艳丽。夜晚如果有彩色灯光照明，则会更加光彩夺目。吸力喷头又可分为吸水喷头、加气喷头和吸水加气喷头。

9. 蒲公英形喷头

蒲公英形喷头是在圆球形的壳体上装有很多同心放射状喷管，并在每个短管的管头上装一个半球形喷头。因此，它能喷出像蒲公英一样美丽的球形或半球形水花。蒲公英形喷头可以单独使用，也可以几个喷头高低错落地布置，显得格外新颖、典雅。

10. 涌泉喷头

涌泉喷头可分为加气涌泉喷头和普通涌泉喷头两种。普通涌泉喷头喷水时将空气吸入，形成乳白色膨大的水柱涌出水面，粗犷挺拔，灯光配合效果明显。加气涌泉喷头在室内外任何喷水池中均可使用，水声较大，因此气氛强烈，因为乳白色泡沫丰富，所以在阳光下反光强烈，抗风力强，但对水位有一定的要求。

11. 柔性喷头

柔性喷头又称水帘幕式喷头，以透明尼龙带（或塑料细管）编排成帘幕，每条带的上下端头固定沉没于水中，使水流沿帘幕缓缓下淌，无溅水噪声，形成一幅奇特的水帘幕景观。每条带宽约 46 mm，长可达 27 m，带距一般为 30 mm，喷头上端水槽水深可取 13～20 mm。

12. 组合式喷头

由两种或两种以上形体各异的喷嘴根据水花造型的需要组合成一个大喷头，这就是组合喷头，它能够形成较复杂的花形和优美柔和的空中曲线。

除了上述经常使用的常规喷头外，现在市面上还有一些特殊要求、特殊效果的喷头。

（1）波光喷头。可喷出光滑不散水柱的特制喷头，配上切割装置即可成为子弹（鼠跳）喷头，配上照明装置即可成为光导喷头。

（2）水雷喷头。置于水下可喷出爆炸水柱的喷头，常由气压缸、特制喷嘴及控制装置组成。

（3）超高喷头。可将水喷至百米以上的喷头，常由特制喷嘴和配水整流装置组成。

（4）踏泉喷头。与专用控制装置配套，在游人触发时，能喷出爆炸状或其他形式水柱的喷头。

（5）升降喷头。在水压作用下可以升降的各种喷头的总称。一般常用的喷头均可做成可升降的喷头。

（6）超雾化喷头。一般水雾喷头喷出的雾滴直径为毫米级，超雾化喷头则可喷出微米级的雾滴，形成近似烟云的状态，这种喷头可分为高压式、压缩空气式、超声波式三种。

（三）喷头的直径

喷头的直径（Dx）是指喷头进水口的直径，单位为毫米。在选择喷头的直径时，必须与连接管的内径相配合，喷嘴前应有不小于 20 倍喷嘴口直径的直线管道长度或设整流装置，管径相接不能有急剧的变化，以保证喷水的设计水姿造型。

常用喷头直径公称值见表 4-5。

表 4-5　常用喷头直径公称值表

公　称	mm	15	20	25	32	40	50	70	80	100
直　径	in	1/2	3/4	1	5/4	3/2	2	5/2	3	4

四、水景工程的管线布置及维护

喷泉的管线主要由输水管、配水管、补充供水管、溢水管及泄水管等组成。喷泉管道布置要点如下。

1. 主、次管道的安排

在小型喷泉中，管道可以直接埋在池底下的土中。在大型喷泉中，如果管道多而复杂，应将主要管道敷设在能通行人的渠道中，并在喷泉的底座下设检查井。只有那些非主要的管道才可直接敷设在结构物中，或置于水池内（见图 4-99）。

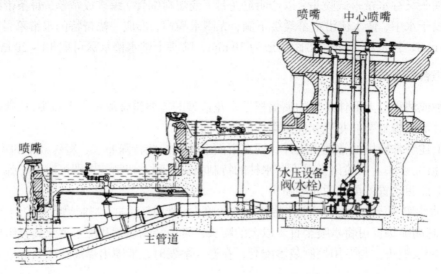

图 4-99　喷水池管道安装图

2. 供水

为了使喷水获得等高的射流，对于环形配水的管网，多采用"十"字形供水（供水管线至出水口处分支为"十"字形结构）。

3. 补充供水

喷水池内水的蒸发和在喷射过程中一部分水被风吹走等原因会造成喷水池内水量的损失，因此，需在喷水池内设补充供水管。补充供水管除了应满足喷水池内的水量损失外，还应满足运行前水泵的充水要求。如补充供水管直接与城市自来水管相连接，则应在接管处设逆止阀，以防污染城市自来水。

4. 泄水管

水池的泄水管一般采用重力泄水，大型喷泉应设泄水阀门，小型水池只设泄水塞等简易装置。泄水管可直通城市雨水井，但要注意防止城市雨水倒灌污染喷水池和水泵房等。

5. 溢水管

水池的溢水管直通城市雨水井，其管径大小应为喷泉进水管径的 2 倍。溢水管应有不小于 0.3%的坡度。在溢水口外应设有拦污栅。

6. 管径的一致

连接喷头的水管不能有急剧的变化，如有变化，必须使水管管径逐渐由大变小，并在喷头前有一段直管，其长度不应小于喷头直径的 20~50 倍，以保持射流的稳定。

7. 喷射调节

对每一个或每一组具有相同高度射流的管道，应有自己的调节设备，一般用阀门或整流圈来调节流量和水压。

8. 清洗和检修

为了便于清洗和检修，从卫生和美观的角度出发，喷水池每月应排空换水 1~2 次。在寒冷地区，为了防止冬季冻害等，所有的管道均应有一定的坡度，以便停止使用时，管内的水能够被全部排空，坡度一般不小于 0.2%。

9. 安装牢固

喷泉管道的接头应紧密，设在结构物内的管道安装完毕后，应进行水压试验，冲洗管道后再安装喷头。

由于影响喷泉设计的因素较多，有些因素难以考虑周到，因此设计出来的喷泉，有时不可能全部符合设计要求。为此，对于设计复杂的喷泉，为了达到预期的艺术效果，应通过试验加以校正调整，以达到设计的目的。

五、喷泉施工

喷泉工程的施工程序，一般是先按照设计将喷水池和地下水泵房修建起来，并在修建过程中进行必要的给排水主管道安装。待水池、泵房建好后，再安装各种喷水支管、喷头、水泵、控制器、阀门等，最后才接通水路，进行喷水试验和喷头及水形的调整。除此之外，在整个施工过程中，还要注意以下事项。

（1）喷水池的地基若比较松软，或者水池位于地下构筑物（如水泵地下室）之上，则池底、池壁的做法应视具体情况进行力学计算之后再做专门设计。

（2）池底、池壁防水层的材料宜选用防水效果较好的卷材，如三元乙丙防水布、氯化聚乙烯防水卷材等。

（3）水池的进水口、溢水口、泵坑等要设置在池内较隐蔽的地方。泵坑、穿管的位置宜靠近电源、水源。

（4）在冬季冰冻地区，各种池底、池壁的做法都要考虑冬季排水出池，因此，水池的排水设施一定要便于人工控制。

（5）池体应尽量采用干硬性混凝土，严格控制砂石中的含泥量，以保证施工质量，防止漏透。

（6）较大水池的变形缝间距一般不宜大于 20 m。水池设变形缝应从池底、池壁一直沿整体断开。

（7）变形缝止水带要选用成品，采用埋入式塑料或橡胶止水带。施工中浇筑防水混凝土时，要控制水灰比在 0.6 以内。每层浇筑均应从止水带开始，并应确保止水带位置准确，嵌接严密牢固。

（8）施工中必须加强对变形缝、施工缝、预埋件、坑槽等薄弱部位的施工管理，保证防水层的整体性和连续性。特别是在卷材的连接和止水带的配置等处，更要进行严格的技术管理。

（9）施工中所有的预埋件和外露金属材料都必须认真做好防腐、防锈处理。

六、喷泉的控制方式

目前喷水景观工程的运行控制常采用手动控制、程序控制、音响控制等方式。对于程控和声控的水景工程，水流控制阀门是关键装置之一，该阀门必须能适时控制，保证水流形态的变化与程控讯号、声频讯号同步，保证长时间反复动作且无故障，尽量使开关量与通过的流量保持线性关系。此外，还有以下控制方式。

（1）人控——用人工控制喷泉的水姿表演。

（2）时控——用定时器控制喷泉的水姿表演。

（3）机控——用变速电动机控制喷泉的水姿表演。

（4）音控——音控是总称，指在喷泉喷水的形态、色彩及其变化方式上，使用了种种方法，使之随音乐同步协调进行配合表演。

1. 喊泉控制方式

在喷头的供水管道上安装电动调节阀（或气动调节阀），在外部声频讯号达到给定强度时，使控制调节阀开启，喷头开始喷水，随着声强的加大，调节阀的开启度加大，喷头的出流量（或喷水高度、射程等）也加大（见图 4-100）。也可用一组电磁阀代替调节阀，声强达到给定值时开启一个电磁阀，随着声强的加大，开启的电磁阀的数量增多，这是最简单的声响控制，常用于儿童公园，供孩子们玩耍取乐（见图 4-101）。

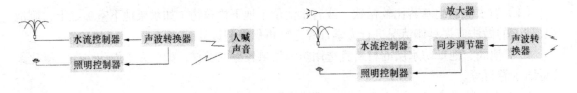

图 4-100　喊泉控制方式　　　　图 4-101　音乐喷泉控制方式

2．录音带控制方式

在同盘录音带上同时录上音乐讯号和控制讯号,其中控制讯号是根据音乐的声强或频率等经滤波后录制的。为使音乐的播放节奏与喷水姿态变化达到同步,应根据不同工程的配管情况,使控制讯号比音乐讯号提早一定的时间出现。在播放音乐的同时,将控制讯号转换成电讯号,再经放大后用于控制或调节阀门(电动、气动或电磁)的开关或开启度,也可用于控制水泵的开停和调节水泵的转速。水景照明装置也可同时得到控制和调节。这种控制方式见图4-102。

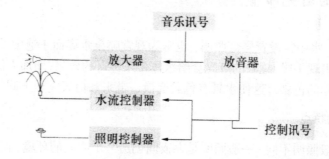

图4-102　录音带控制方式

录音带控制设备比较简单,成本低,易于实现。但这种方式只能利用预先录制的专用录音带进行控制,同时其音乐和控制讯号的时间差是固定值,不能随意调节,因此不能适用于任意场合。

3．直接音响控制方式

直接接收外界音乐讯号,经声波转换器转换成电讯号,再经同步调节装置将音乐讯号与控制讯号自动调节至同步,然后由放大器播放音乐,同时操纵喷水和照明装置的执行机构,使音乐、喷水和照明协调变换。

4．间接音响控制方式

将预先编好的程序输入程序控制器,用同步控制器调节播音的滞后时间,播放音乐。程序控制器按照预编程序控制喷水和照明的变化组合,同时利用音乐讯号调节喷水的流量大小、射程高低或远近,以及照明的强弱等。这样就可以使喷水姿态、照明色彩与照度随着音乐的旋律、节奏而变化,形成音乐悠扬、水姿翩翩、五彩缤纷、变化万千的水景演出。控制方式见图4-103。

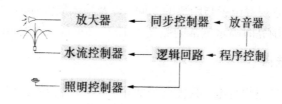

图4-103　间接音响控制方式

国内目前多采用时控和声控两种方式。时控是由定时器和彩灯闪烁控制器按预先设定的程序定时变换喷头的喷水方式和彩灯的色彩，此方式比较简单、价格低廉，但变化单调，而且喷水受水流变化及管道的阻滞影响，音响和灯光变化不易同步出现，使得喷水和声、光脱节，喷水柱与音乐节奏不协调。同时，定时器所控制喷水变化的"电磁阀"会因开闭短暂导致瞬时电流、电压的增大，从而频繁损坏。

七、彩色喷泉的灯光布置

喷泉下设水池，水中常设置彩灯照明，也常为观赏喷泉水姿而于池中设置照明彩灯。灯光是夜间水体的主要表现手段，耀眼的灯光会给水体带来神奇的效果，增加人们对水景的注意力，而且灯光有各种不同的色彩，这使水景有色彩变换，带来和白天完全不同的艺术感受。

1. 喷泉照明的特点

喷泉照明与一般照明不同。一般照明是在夜间创造一个明亮的环境，而喷泉照明则是要突出水花的各种风姿。因此，喷泉照明要求比周围环境更高的亮度，而被照明的物体又是一种无色透明的水，这就要利用灯具的各种不同的光分布和构图，形成特有的艺术效果，制造开朗、明快的气氛，供人们观赏。

2. 喷泉照明的手法

为了既能保证喷泉照明取得华丽的艺术效果，又能防止炫目，布光是非常重要的。水池照明一般分为水上、水下和水面三种照明方式。

水上照明灯具多安装于临近的水上建筑设备上，可使水面照度分布均匀，但往往使人们眼睛直接或通过水面反射间接地看到光源，会引起炫目，应加以调整。

水下照明灯具多置于水中，导致照明范围有限，也不希望产生水面反射，灯具应具有抗蚀性与耐水性，并能抗水浪的冲击。水下灯又分池壁灯和水中灯等，一般在水面上看不到光源，而能清晰地看到观赏目标。照明灯具的位置一般是在水面下 5～10 cm 处。在喷嘴的附近，以喷水前端高度的 1/5～1/4 以上的水柱为照射的目标，或以喷水下落到水面稍上的部位为照射的目标。这时如果喷泉周围的建筑物、树丛等背景是暗色的，则喷泉水飞花下落的轮廓就会被照射得清清楚楚。

3. 喷水的照度设计

喷泉多为水花，随着观看位置与距离的不同，以及喷泉周围环境的不同，喷泉的明亮度有所变化。一般来说，周围亮时喷水端部的照度为 100～200 lx，周围暗时则为 50～100 lx。

4. 光源与灯具的选择

光源使用最多者当推白炽灯泡。其优点是调光、开关控制方便，但当喷水高度较高并预先开关时，可使用汞灯或金属卤化物灯。水下光的颜色以黄色系、蓝色系最易识别，也传得较远。喷水照明光源的主要特征见表4-6。

表 4-6　喷水照明光源的特征

灯的种类	功率/W	特征
白炽灯	100～300	易于变色、开关、调光
汞灯	200～400	光束大，不适于色彩照明
金属卤化物灯	400	

　　灯具既有在水中露明的小型简易灯具，其灯泡限定为反射型灯泡，容易安装；也有多光源的密闭型灯具，与其所使用的灯配套。灯有反射型灯、汞灯、金属卤化物灯（见表 4-7）。

表 4-7　光源种类与照明灯具的关系

光源种类	照明灯具
反射型投光灯（喷水专用）	灯光露明型
反射型投光灯（一般照明用）	密闭型
汞灯（一般照明用）	
金属卤化物灯（一般照明用）	

5．水池照明注意事项

　　（1）照明灯具应密封防水并具有一定的机械强度，以抵抗水浪和意外的冲击。

　　（2）水下布线应满足电气设备相关技术规程规定，为防止线路破损漏电，需常检验。严格遵守先通水浸没灯具、后开灯，先关灯、后断水的操作规程。

　　（3）灯具要易于清扫和检验，防止异物或浮游生物的附着积淤。宜定期清扫换水或添加灭藻剂。

　　（4）灯光的配色要防止多种色彩叠加后得到白色光，造成局部彩色消失。在喷头四周配置各种彩灯时，喷头背后色灯的颜色比靠近游客身边的灯的色彩要鲜艳得多。因此，要将透射比高的色灯（黄色、琥珀色）安放在水池边近游客的一侧，同时也应相应调整灯对光柱的照射部位，以加强表演效果。

　　（5）电源输入方式是电源线用三芯橡皮护套线（截面积为 3 mm × 1.5 mm），其中一根应接地，电源线通过镀锌铁管在水池底接到需要装灯的地方，应将管子端部与水下接线盒输入端直接连接，再将灯的电缆穿入接线盒的输出孔中密封即可。

八、喷泉的日常管理

　　要确保喷泉正常运行，应加强对喷泉的管理。日常管理中应注意以下事项。

　　（1）喷水池清污。水池中常有一些漂浮物、杂斑等影响喷泉景观的物质，应及时处理。采取人工打捞和刷除的方法去污。对沉泥、沉沙要通过清污管排除，并对池底进行全面清扫，扫后再用清水冲洗 1～2 次，最好用漂白粉消毒 1 次。经常喷水的喷泉要求 20～30 d 清洗 1 次，以保证水池的清洁。在对池底排污时，要注意对各种管口和喷头进行保护，应避免污物堵塞管道口。水池泄完水后，一般要保持 1~2 d 干爽时间，这时最好对管道进行 1 次检查，看连接是否牢固、表面是否脱漆等，并做防锈处理。

（2）喷头检测。喷头的完好性是保证喷水质量的基础，在经过一段时间喷水后，一些喷头出现喷水高度、水形等与设计不一致的现象，原因是运行过程中喷嘴受损或喷嘴堵塞，必须定期检查。如喷头堵塞，可取下喷头将污物清理后再安装上去。如喷头已磨损，应及时更换。检测中发现不属于喷头的故障，应对供水系统进行检修。

（3）动力系统维护。在泄水清护水池期间，同时要对水泵、阀门、电路（包括音响线路和照明线路）进行全面检查与维护，重点检查线路的接头与连接是否安全，设备、电缆等是否有磨损，水泵转动部件是否涂油漆润滑，各种阀门关闭是否正常，喷泉照明灯具是否完好，等等。如为地下式泵房，应检查地漏排水是否畅通。如发现有不正常现象，要及时维修。

（4）冬季温度过低时，应及时将管网系统的水排空，避免积水结冰冻裂水管。

（5）喷泉管理应由专人负责，非管理人员不得随意开启喷泉。要制定喷泉管理制度和运行操作规程。

（6）维护和检测过程中的各种原始资料要认真记录，并备案保存，为日后喷泉的管理提供经验材料。

课后思考题

1. 参观及实测某城市或公园水景，要求绘制环境平面图和水景平面图、立面图及透视图，并应用所学的知识，绘制水池结构图。

2. 根据特定环境，进行小型水景（水池、瀑布、小溪、喷泉）的设计，并利用泡沫塑料、吹塑纸、橡皮泥等材料制作此水景模型。

3. 根据以上喷泉设计的喷头数量、环境特性等进行喷泉水力计算，并选择水泵。

4. 动手安装水景演示系统，按图安装各种管线、喷头及水泵，接好电源与水源，调试喷头的水形，并绘制该演示系统的系统图。

第五章　风景园林工程项目的组织与管理

本章主要介绍了园林工程施工的组织设计和施工的组织管理。通过对本章的学习，学生应熟悉园林工程施工中组织设计和施工管理的主要内容，并理解组织设计及施工管理，在保证园林工程的质量、控制投资、合理安排施工队伍、保证施工安全和按期完工中的重要作用。

风景园林工程施工组织与管理是园林工程项目自开工至竣工整个过程中的重要控制手段，它对于提高风景园林工程项目的质量水平、工程进度控制水平、保证施工安全和提高工程建设投资效益等起着重要的保证作用。风景园林工程施工组织与管理是园林工程企业运用系统的观点、理论和方法，对工程项目进行决策、计划、组织、控制、协调等过程的全面管理的一项重要工作。园林工程施工组织与管理涉及面广、实践性强、影响因素多。近年来，园林工程施工组织与管理在工程建设中越来越显出它的重要性，作为工程技术人员和工程管理人员，必须掌握好这方面的知识。一项工程从施工承包合同签订之时起，就已正式进入了施工组织与管理阶段。

为了能按时、保质、安全、高效地完成施工任务，实现项目管理目标，科学的施工组织与管理是工程实施的关键。本章系统地阐述了园林工程施工组织与管理的理论、方法，主要内容包括：园林工程施工组织总设计、施工组织与管理、园林工程项目施工管理。

第一节　园林施工组织设计

风景园林工程施工组织与管理是实现工程目标的重要方法和手段。管理需要科学地组织，组织为了更好地管理，但组织是管理的核心。组织的科学性决定了管理水平的先进性，也决定了实现项目目标的可靠性。园林工程施工组织有园林工程项目的组织结构和施工组织设计两重含义。

一、园林工程施工项目的组织结构

通常将园林建设中各方面的项目，统称为园林建设项目，如一个景区、一座公园、一个游乐园、一组居住小区等。而通常将处于项目施工准备、施工规划、项目施工、项目竣工验收及养护阶段的建设工程统称为园林施工项目。

园林施工项目管理的组织结构，也就是园林工程管理体系，包括质量保证体系、安全生产管理体系。工程项目组织是项目管理目标实现的决定性因素，控制园林工程项目管理目标的主要措施包括组织措施、经济措施、技术措施，其中组织措施是最重要的措施。只有合理的工程项目组织结构与明确项目部各部门的分工和职能，才能做到各司其职、人尽其能、物尽其用，才能使项目经理部指挥有序，杜绝项目管理的混乱状态。这是园林工程顺利进行与保证施工工期、工程质量和成本控制的良好开端，是实现项目管理目标的前提。

二、园林工程施工组织设计的作用

园林工程施工组织设计是以园林工程（整个工程或若干单项工程）为对象编写的，是用来指导工程施工的技术性文件。其核心内容是如何科学合理地安排好劳动力、材料、设备、资金和施工方法这五种主要的施工因素。根据园林工程的特点和要求，以先进的、科学的施工方法与组织手段使人力和物力、时间和空间、技术和经济、计划和组织等诸多因素合理优化配置，从而保证施工任务依质量要求按时完成。

园林工程施工组织设计是应用于园林工程施工中的科学管理手段之一，是长期工程建设中总结出的实践经验，是组织现场施工的基本文件和法定性文件。因此，编制科学的、切合实际的、可操作的园林工程施工组织设计，对指导现场施工、确保施工进度和工程质量、降低成本等都具有重要意义。

园林工程施工组织设计中，应明确采取的技术措施，工期、成本、安全和质量控制措施，主要施工方案和方法，设备、材料的选用，成品的保护，文明施工和动态管理控制的安排。主要包括工程概况，工程施工组织设计说明，项目管理机构设置及职能，材料供应和资金管理，施工现场平面布置，施工进度计划，施工工艺及技术措施和施工方案，工程质量和施工标准及保证措施，施工技术质量标准的采用，保证施工工期的措施；降低施工成本措施，新工艺新设备新技术的应用措施，安全生产保证措施和特殊气候条件下施工技术保证措施，文明施工、防止扰民保证措施及工程保修服务承诺等。因此，编制出系统的、切实可行的园林工程施工组织设计，对于做好施工准备是至关重要的。园林工程施工组织也体现在施工组织设计上，合理地组织施工过程是施工管理的重要内容。施工方案重点研究工艺流程的组织，科学的工艺流程，合理安排各分项、分部工程、隐蔽工程的工序，合理配置劳力、材料、机械和资金。良好的工艺组织决定了项目的施工成本控制、施工质量控制、施工安全控制等目标的实现。

园林工程施工组织设计，首先要符合园林工程的设计要求，体现园林工程的特点，对现场施工具有指导性。在此基础上，要充分考虑施工的具体情况，完成以下四部分内容：①依据施工条件，拟定合理施工方案，确定施工顺序、施工方法、劳动组织及技术措施等；②按施工进度搞好材料、机具、劳动力等资源配置；③根据实际情况布置临时设施、材料堆置及队伍进场；④通过组织设计协调好各方面的关系，统筹安排各个施工环节，做好必要的准备，及时采取相应的措施确保工程顺利进行。

三、园林施工的组织设计的类型及编制程序

园林工程不是一个单纯的栽植工程，而是与土建等其他行业协同工作的综合工程。因此，精心做好施工的组织设计是施工准备的核心。园林施工组织设计又分为投标前施工组织设计和

中标后施工组织设计，中标后施工组织设计又包括园林建设项目施工组织总设计、单项工程施工组织设计和分项工程施工作业设计。

1. 投标前施工组织设计

投标前施工组织设计，是作为编制投标书的依据，其目的是中标。投标前施工组织设计的主要内容包括以下几项。

（1）施工技术方案、施工方法的选择，对关键部位和工序采用的新技术、新工艺、新机械、新材料，以及投入的人力、机械设备的计划等。

（2）施工进度计划，包括横道计划、网络计划、开竣工日期及说明。

（3）施工质量计划，包括施工质量保证、制定施工质量控制点、施工质量保证的技术措施等。

（4）施工平面布置，水、电、路、生产、生活用地及施工的布置，用以与建设单位协调用地。

（5）保证质量、进度、安全、环保等项计划实现而必须采取的措施。

（6）其他有关投标和签约的措施。

2. 中标后施工组织设计

一般又可分为施工组织总设计、单项工程施工组织设计和分项工程作业设计三种（见图5-1）。

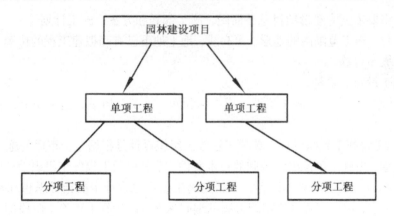

图 5-1　园林工程施工项目结构图

（1）园林建设项目施工组织总设计。施工组织总设计是以整个工程为编制对象，园林建设项目施工组织总设计编制以园林建设项目基础文件，工程建设政策、法规和规范资料，建设地区原始调查资料，类似施工项目的初步设计文件为依据拟定的总体施工规划，一般由施工单位组织编制，目的是对整个工程进行全面规划和有关具体内容进行布置。

施工组织总设计的作用是：为判定按设计方案施工的可行性和经济合理性提供科学依据；为整个建设项目或建筑群体工程的施工做出全局性的战略部署；为组织全工地的施工作业提供科学的施工方案和实施步骤；为做好施工准备工作、合理组织技术力量、确保各项资源的供应提供可靠的依据；为施工企业编制施工生产计划和单项工程施工组织设计提供依据；为建设单位编制基本建设计划提供依据。主要内容包括以下几项。

1）工程概况。主要包括工程的构成，设计、建设承包单位，施工组织总设计目标，工程所在地的自然状况及经济状况，施工条件，等等。

2）施工部署。建立项目管理组织，做好施工部署和项目施工方案。

3）全场性施工准备工作计划。

4）施工总进度计划。

①编制施工总进度计划。科学安排分项工程的顺序、衔接，分项工程、单位工程的工程量，人员的调配计划，对初始计划的优化选择。

②制定施工总进度的保证措施。包括组织、技术、材料供应、经济保证、合同保证等措施。

5）施工总质量计划。质量要求、达到的目标、各单项质量目标、确定施工质量控制点、施工质量保证措施等。

6）施工总成本计划。施工成本要包括直接成本和间接成本。施工成本的主要形式有施工预算成本、计划成本和实际成本。编制施工总成本计划包括确定单项工程施工成本计划、编制施工总成本计划、制定施工总成本保证措施。

7）施工总资源计划。包括劳动力需要量、材料需要量、机具设备需要量等计划。

8）施工总平面布置的原则。

①原则。布置要紧凑合理，保护古树名木文物，保证施工所需水、电、路等的畅通，尽量利用永久性建筑。

②依据。主要依据为建设项目总平面图、施工部署和方案、施工计划等。

③布置内容。施工范围内的地形、等高线，地上地下已有和拟建工程的位置、标高，施工布置和安全防火布置等。

④建设施工设施需要量。

9）主要技术经济指标。施工工期、成本和利润、施工总质量、施工安全、施工效率及其他评价指标。

（2）单项工程施工组织设计。单项工程施工组织设计是根据经会审后的施工图，以单项工程为编制对象，由施工单位组织编制的技术文件。编制单项工程施工组织设计的要求为：单项工程施工组织设计编制的具体内容，不得与施工组织总设计中的指导思想和具体内容相抵触。按照施工要求，单项工程施工组织方案的编制深度，以达到工程施工阶段即可，应附有施工进度计划和现场施工平面图，编制时要做到简练、明确、实用，要具有可操作性。编制单项工程施工组织设计的内容主要包括以下六个方面。

1）说明工程概况和施工条件。

2）说明实际劳动资源及组织状况。

3）选择最有效的施工方案和方法。

4）确定人、材、物等资源的最佳配置。

5）制定科学可行的施工进度。

6）设计出合理的施工现场平面图。

（3）分项工程作业设计。多由最基层的施工单位编制，一般是对单位工程中某些特别重要的部位或施工难度大、技术要求高之处，采取特殊措施的工序，编制出具有较强针对性的技术文件。例如，园林喷水池的防水工程，瀑布出水口工程，园路中健身路的铺装，护坡工程中的倒渗层，假山工程中的拉底、收顶，等等。其设计要求具体、科学、实用，并具有可操作性。

3．园林工程施工组织总设计编制程序

园林工程施工组织总设计编制程序如图 5-2 所示。

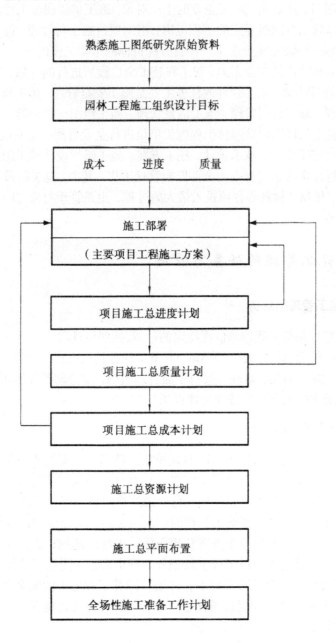

图 5-2　园林工程施工组织总设计编制程序

第二节　园林工程项目管理概述

园林工程施工项目，就是建筑施工企业的生产对象。施工单位通过工程施工投标取得工程施工承包合同，并以施工合同所界定的工程范围，组织项目施工与管理。施工项目管理是施工企业为履行工程承包合同和落实企业生产经营方针目标的重要工作内容。在项目经理负责的条件下，依靠企业技术和管理的综合实力，对工程施工全过程所进行的计划、组织、指挥、协调、监督和控制等系统管理活动。施工管理的任务主要是施工安全管理、施工成本管理、施工进度管理、施工质量管理、施工合同管理、施工信息管理、施工组织与协调等。施工管理贯穿整个工程的始终，园林施工项目管理是园林工程施工单位进行企业管理的重要内容，它是指从承接施工任务开始，经过施工准备、技术设计、施工方案、施工组织设计到组织现场施工，最终到工程竣工验收、交付使用的全过程中的全部监控管理工作。其中，施工阶段是工程实体化的过程，是资金、劳力、机械、材料等各项投入最大的过程，也是管理对象之间关系最复杂、最能体现管理水平的过程。

一、园林工程施工管理的任务与作用

1. 园林工程施工管理的任务

园林工程施工管理是施工管理单位在特定的地域，按照设计图纸和与建设单位签订的合同进行的园林工程施工的全部综合性管理活动。其基本任务是根据建设项目的要求，依照已审批的技术图纸和制定的施工方案，对现场进行全面合理组织，使劳动资源得到合理配置，按预定目标按期优质、低成本、安全地完成园林建设项目。

2. 园林工程施工管理的作用

园林工程在施工的过程中，既包含园林建筑施工技术，又有树木花草的种植养护技术，是一项涉及广泛而复杂的建设施工项目。随着现代高科技的发展、新材料的开发利用，园林工程日趋综合化、复杂化，技术也越发现代化，因此对园林工程施工的科学组织与管理要求也越来越高。综合来看，园林工程施工管理的作用主要是：①保证项目按计划顺利完成的重要条件，是在施工全过程中落实施工方案和遵循施工进度的基础；②保证园林工程质量达到设计目标，确保园林经管艺术通过工程手段充分表现出来；③使施工单位的资源得到合理配置和利用，减少资源浪费，降低施工成本；④通过园林工程施工的安全和健康管理与控制，促进劳动保护和施工的安全；⑤通过园林工程施工管理可以促进施工新技术的应用与发展，提高工效和施工质量。

3. 园林工程施工管理的主要内容

园林工程施工管理是一项综合性的管理活动，其主要内容包括：园林工程的进度控制、质量管理、安全管理、成本管理、资源和劳动管理。施工项目管理的全过程可分五个阶段：①投标签约阶段，主要内容有投标决策、搜集信息、制定标书、签订合同；②施工准备阶段；③施工阶段；④验收交工与结算阶段；⑤用后服务阶段。

二、施工项目管理组织的建立

1. 建立施工项目管理组织

施工项目管理组织机构与企业管理组织机构是局部与整体的关系。项目管理组织机构设置的目的是充分发挥项目管理功能，提高项目整体管理效率，实现施工项目管理的最终目标。施工项目管理组织机构的设置原则如下。

（1）目的性原则。施工项目管理组织机构设置的根本目的是产生组织功能，实现施工项目管理的总目标。从根本目的出发，因目标设事，因事设机构、定编制，按编制设岗位、定人员，以职责定制度、授权力。

（2）精干高效原则。施工项目管理组织机构的人员设置，以能实现施工项目所要求的工作任务为前提，尽可能简化组织机构、减少层次，尽可能精干组织人员，充分发挥项目部人员的才能和积极性，提高工作效率。

（3）弹性和流动性原则。施工项目管理的不同阶段的管理内容差异很大，这就要求管理工作和组织机构要随之进行调整，要按照弹性和流动性的原则建立组织机构，以使组织机构适应施工任务的变化。

（4）项目组织与企业组织一体化原则。施工项目管理组织是企业管理组织的有机组成部分，企业组织是它的母体。从管理方面来看，企业是项目管理的主体，项目层次要服从于企业层次。

项目管理人员全部来自企业，项目管理组织解体后，人员进入企业人才市场。因此，施工项目管理组织与企业组织是一体的。

2. 施工项目管理组织机构的主要形式

（1）工作队式项目组织形式。

1）工作队式项目组织形式具有如下特征：项目经理在企业内部招聘，并抽调职能部门人员组成施工项目管理组织机构（工作队），由项目经理指挥，独立性强；项目管理班子成员与原所在部门脱钩，原部门负责人仅负责对被抽调人员的业务指导，但不能随意干预其工作或调回人员；项目管理组织与施工项目同寿命，项目结束后机构撤销，所有人员仍回原部门。

2）适用范围。这种项目组织形式适用于大型项目，工期紧迫的项目，以及要求多部门、多工种配合的项目。它要求项目经理素质高，指挥能力强，有快速组织队伍及善于指挥来自各方人员的能力。

3）优缺点。优点是：选调人员可以完全为项目服务；项目经理权力集中，干扰少，决策及时，指挥灵便；项目管理成员来自各职能部门，在项目管理中配合工作，有利于取长补短，培养一专多能人才；各专业人员集中在现场办公，减少协调和等待的时间，提高办事效率。缺点是：

各类人员来自不同部门、不同的专业，相互不熟悉，难免配合不力；各类人员同一时段内的工作差异很大，容易出现忙闲不均，可能导致人才浪费；职能部门的优势无法发挥作用；等等。

（2）部门控制式项目组织形式。

1）部门控制式项目组织形式的特征。不打乱企业原有建制，把项目委托给企业某一专业部门或某一施工队组织管理，由被委托的部门领导在本部门选人组成项目管理班子，项目结束后，项目班子成员恢复原职。

2）适用范围。这种形式的项目组织一般适用于小型的、专业性较强的、不需涉及众多部门的施工项目。

3）优缺点。该组织形式的优点是：人员熟悉，人才的作用能充分发挥；从接受任务到组织运转的启动时间短；职责明确，职能专一，关系简单，易于协调。其缺点是：不利于精简机构；不利于对固定建制的组织机构进行调整；不能适应大型项目管理的需要。

3. 施工项目经理部的建立

（1）施工项目经理部的作用。施工项目经理部是项目管理的组织机构和项目经理的办事机构，它是代表企业履行工程承包合同的主体，是对建筑产品和业主全面、全过程负责的管理实体。施工项目经理部组织机构设置的质量将直接影响到施工项目目标的全面实现。项目经理部在项目经理的领导下，作为项目管理的组织机构，负责施工项目从开工到竣工的全过程施工生产的经营管理。项目经理部为项目经理决策提供信息和依据，同时须执行项目经理的决策意图，并起着沟通信息、组织协调、实现以成本为中心的各项管理目标等作用。

（2）施工项目经理部的规模和部门设置。各企业应根据所承担项目的规模、特点，并结合企业的管理水平来确定项目经理部的规模和部门设置，以利于把项目建成市场竞争的核心、企业管理的重心、成本控制的中心、代表企业履行项目合同的主体和工程管理的实体为原则。一般应设置以下五个部门。

1）工程技术部门。负责施工组织设计、生产调度、技术管理、文明施工、计划统计等工作。

2）经营核算部门。负责预算、合同、索赔、财务、劳动工资管理等工作。

3）物资设备部门。负责材料采购、供应、运输、仓储；负责工具、用具的管理和机械设备的租赁、配套使用等工作。

4）监控管理部门。负责工程质量控制、安全管理、消防保卫和环境保护等工作。

5）测试计量部门。负责试验、测量、计量等工作。

（3）施工项目经理部的解体。施工项目经理部是一次性的管理机构。工程临近结尾时，各类人员应陆续撤走；施工项目在全部工程办理交接后，由项目经理部在规定时间内向企业主管部门提交项目经理部解体报告，同时确定留用善后人员名单，经批准后执行，并妥善处理解聘人员和退场后劳务队伍的安置问题；项目留用善后人员负责处理工程项目的遗留问题，做好工程项目的善后工作。

4. 施工项目经理

（1）施工项目经理的地位。确定施工项目经理的地位是搞好施工项目管理的关键。施工项目经理是指施工企业法人代表在项目上的全权委托代理人，对工程项目施工过程全面负责的项目管理者，是建筑施工企业法定代表人在工程项目上的代表人。施工项目经理在项目管理中处于中心地位，在项目的施工管理活动中占有举足轻重的地位；项目经理是实现项目目标的最高责任者，责任是实现项目经理负责制的核心，它构成了项目经理的工作压力，是确定项目经理权力和利益的依据；项目经理在项目上有经营决策权、生产指挥权、人财物统一调配使用权、内部分配奖罚权等。没有必要的权力，项目经理无法对其工作负责；项目经理也是项目的利益主体，按照责、权、利相统一的原则，施工项目经理的利益，是项目经理负有相应责任所应得到的报酬。

（2）合格的施工项目经理应具备的基本条件。

1）较高的政治素质，包括：自觉遵守国家的法律和法规，执行国家的方针、政策和上级主管部门的有关决定；自觉维护国家利益，能正确处理国家、企业和职工三者的利益关系；坚持原则，不怕吃苦，勇于负责，具有高尚的道德品质和高度的事业心、强烈的责任感。

2）必须具有较高的领导素质，具备组织才能和管理能力，要求掌握现代管理理论，熟悉各种现代管理工具、管理手段和管理方法；具有多谋善断、灵活应变的能力；知人善任，善于团结别人共同工作；处事公道，为人正直，以身作则；铁面无私，赏罚分明。具有灵活处理各方面的工作关系，合理组织施工项目各种生产要素，提高施工项目经济效益的能力。

3）懂得建筑施工技术知识、经营管理知识和法律知识，熟悉施工项目管理的有关知识，掌握施工项目管理规律，具有较强的决策能力。项目经理应在建设部认定的项目经理培训单位进行专门的学习，并取得培训合格证书。同时，还必须按规定经过一段时间的实践锻炼，具备较丰富的实践经验。这样才能处理好各种可能遇到的实际问题。

4）施工项目经理应具有强健的身体和充沛的精力。

（3）施工项目经理的培养与选聘。

①施工项目经理的培养。培训内容包括现代项目管理的基本知识和现代项目管理的主要技术两个方面。现代项目管理的基本知识培训包括项目及项目管理的特点和规律，管理思想，管理程序，管理体制，组织机构，项目控制，项目合同，项目经理，项目谈判；等等。主要技术培训包括项目管理的主要管理技术，即网络技术、项目计划管理、项目成本控制、项目质量控制等，以及与上述有关的管理理论和计算机应用及信息管理系统等。然后给从事项目管理者锻炼的机会，锻炼的重点内容是项目的设计、施工、采购和管理知识及技能，对项目计划安排、网络计划编排、工程概算和估算、招标投标工作、合同业务、质量检验、技术措施制定及财务结算等工作，都要给予学习和实践的机会。

②施工项目经理的选聘。施工项目经理的选聘必须坚持公开、公平、公正的原则，选择具备任职条件的称职人员担任项目经理。项目经理的选聘一般有竞争招聘制、法定代表委任制和基层推荐制三种方法。

施工项目经理群体的数量、资质层次结构、总体素质是企业的一笔巨大的无形资产，这些人员是企业施工经营中最富有活力的骨干力量，是实现施工企业生产经营方针和目标的重要人力资源。施工企业必须以项目经理资质为中心，加强项目经理人才的培养，全面提高其整体素质以增强企业的人才实力，通过发挥他们的骨干作用来创造业绩，创造企业文化和树立企业形象。

三、工程项目的竣工验收

工程项目的竣工验收是施工全过程的最后一道程序，也是工程项目管理的最后一项工作。它是建设投资成果转入生产或使用的标志，也是全面考核投资效益、检验设计和施工质量的重要环节。

1．竣工验收的准备工作

竣工验收的准备工作包括：完成收尾工程；准备齐全竣工验收资料；做好竣工验收的预验收工作。

2．竣工验收的条件

生产性工程和辅助公用设施已按设计建成，能满足生产要求；主要工艺设备已安装配套，经联动负荷试车合格。生产性建设项目中的职工宿舍和其他必要的生活福利设施，以及生产准备工作，能适应投产初期的需要。非生产性建设项目，即土建工程及房屋建筑附属的给水排水、采暖通风、电气、煤气及电梯已安装完毕。

3．竣工验收的程序

（1）施工单位做竣工预检。包括基层施工单位自检；项目经理组织自检；公司组织预检。
（2）施工单位提交验收申请报告。
（3）根据申请报告做现场初检。
（4）由监理工程师牵头，组织业主、设计单位、施工单位等参加正式验收。
（5）竣工验收的步骤。分为单项工程验收、全部验收。

4．工程项目竣工验收资料的内容

工程项目的开、竣工报告；技术人员名单；图纸会审和设计交底记录；设计变更通知单和技术变更核实单；质量事故的调查和处理资料；各自测量记录；各种材料的质量合格证；试验、检验报告；隐检记录和施工日志；竣工图；质量检验评定资料和竣工验收表格。

5．工程项目竣工验收资料的审核

监理工程师须进行以下几方面的审核：①材料的质量合格证明；②试验、检验记录和施工记录；③核查隐检记录和施工记录；④审查竣工图。

第三节　施工进度控制与管理

园林工程施工进度控制必须在确保工程质量、安全生产的前提下，遵循批准的施工进度计划，动态地调整和控制工程进度。施工过程中不能盲目赶工，以降低质量（甚至以安全）为代价。

一、影响施工进度的因素

影响施工进度的因素很多，如人的因素、材料因素、技术因素、资金因素、工程水文地质因素、气象因素、环境因素、社会环境因素以及其他难以预料的因素。其中，尤以人的因素影响最多且最严重。这些因素有来源于开发商及上级主管机构的，有来源于设计单位的，有来源于承包商（分包商）及上级主管机构的，有来源于材料设备供应商的，有来源于监理单位的，还有来源于政府主管部门的。这些因素都会或多或少地影响到工程的施工进度。

二、施工进度控制的措施

园林工程项目的组织和管理者要有效地进行进度控制，就必须对影响进度的各种因素进行全面的评估和分析。一方面，可以促进对有利因素的充分利用和对不利因素的妥善预防及克服，使进度目标制定得更科学合理、更符合实际、更具有操作性；另一方面，也有利于事先制定预防措施，施工过程中采取有效控制，事后进行妥善补救措施，尽量缩小实际进度与计划进度的偏差，达到对施工进度的主动控制和动态控制的目的。

1．组织措施

组织措施主要是指落实各级进度控制的人员的具体任务和工作责任，建立组织系统，制订进度计划，建立进度控制的工期目标体系，建立进度控制的工作制度，定期检查，制定调整施工实际进度的组织措施。

施工进度计划主要有横道计划和网络计划，分别用施工进度横道图（见图 5-3）和网络图（见图 5-4、图 5-5）来表示。

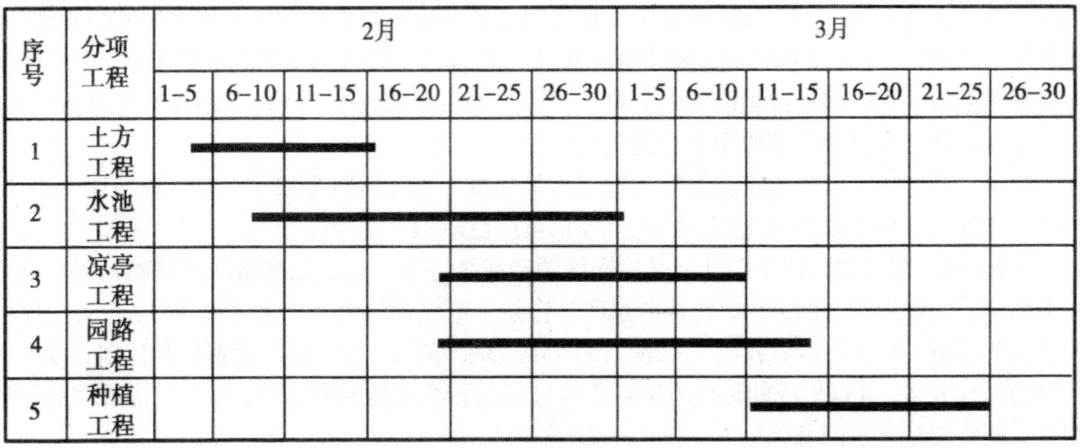

序号	分项工程	2月						3月					
		1-5	6-10	11-15	16-20	21-25	26-30	1-5	6-10	11-15	16-20	21-25	26-30
1	土方工程	━━━	━━━	━━━									
2	水池工程		━━━	━━━	━━━	━━━	━━━	━━━					
3	凉亭工程					━━━	━━━	━━━					
4	园路工程					━━━	━━━	━━━	━━━	━━━			
5	种植工程									━━━	━━━	━━━	━━━

图 5-3　施工进度横道图

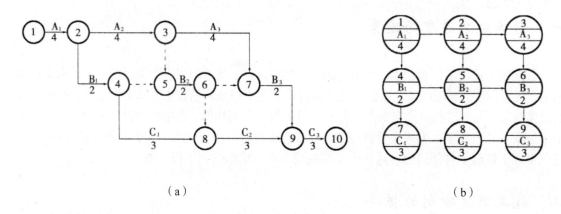

（a）　　　　　　　　　　　　　（b）

图 5-4　网络计划图

（a）双代号网络图；（b）单代号网络图

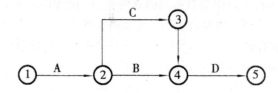

图 5-5　双代号网络图工序逻辑关系

A——紧前工序；B——本工序；C——平行工序；D——紧后工序

（1）横道计划。由图 5-3 可以看出，横道计划是以时间为横坐标，以施工过程的顺序为纵坐标绘制而成的一系列上下分段相错的水平线段，分别表示各施工过程在各施工段上各项工作的起止时间和先后顺序的横线状图形。横道计划的优点：①编制比较容易，绘图比较简单；②表达形象直观，排列整齐有序；③便于用叠加法在图上统计劳动力、材料、机具等各项资源的需要量。其缺点为：不能反映各施工过程之间和在各施工段上的各项工作之间的相互制约、相互依赖的逻辑关系；不能明确地指出哪些施工过程在哪一段上的工作是关键工作，更不能明确地表示某项工作的推迟或提前完成，对工程总工期的影响程度；不能利用计算机进行计算，更不能对计划进行科学合理的调整和优化处理。

横道计划方法是园林建筑企业施工管理人员和技术工人所熟悉和掌握的传统计划方法，由于有上述许多适用性较强的优点，因此至今仍被广泛应用。

（2）网络图计划。网络图计划又称网络图法或统筹法。它是以网络图为基础，用来指导施工的全新的计划管理的方法。其基本原理是将某一工程划分为多个工序或项目，按各工序或项目间的逻辑关系，分析后找出"关键"线路后，编制成网络图，用以调整控制计划，以求得计划的最佳方案，并以形成的最佳方案对工程施工进行全面监测和指导，以求获得最大的经济效益。网络图是此法的基础。

网络图有单代号网络图和双代号网络图之分（见图 5-4）。网络图主要是由工序、事件和线路三部分组成。其中每道工序均用一根箭线和一个或两个节点表示。用一个节点表示的就是单代号网络图，用两个节点表示的就是双代号网络图，箭线表示工序的前进方向。图 5-5 所示是双代号网络图工序间逻辑关系表示方法。从图中可以看出，该工程可以划分为四个工序，由 A 开始，A 完成后 B，C 动工；B，C 完成后开始 D 工序；B，C 要开始必须待 A 完工；D 要动工则必须等 B，C 结束。就 B 而言，A 为其紧前工序，C 为其平行工序，D 为其紧后工序。

网络计划的优点如下。

1）能全面而明确表达各施工过程在各阶段上各项工作时间的先后顺序和相互制约、相互依赖的逻辑关系，使一个流水组中的所有施工过程及其各项工作组成了一个有机整体。

2）能对各项工作进行各种时间参数的计算，从名目繁多、错综复杂的计划中找出决定施工进度和总工期的关键线路，能从许多可行施工方案中选出较优的施工方案，并可再按某一目标进行优化处理，从而获得最优施工方案。

3）网络计划的编制、计算、调整、优化都可通过计算机协助完成，为计算机在施工管理中的应用提供了可能。

网络计划的缺点如下。

1）表达计划不直观、不形象，一般施工人员和工人看不懂，因此阻碍了网络计划的推广和使用。

2）网络图不能反映流水施工的特点和要求。

3）普通网络计划不能在图上反映出劳动力等各项资源使用的均衡情况，也不能在图上统计资源的日用量。

2．合同措施

施工过程中保证施工总进度与合同总工期一致，分包施工的工期与分包合同工期一致。

3．技术措施

采用先进的、能加快工程进度的技术措施，保证如期竣工。

4．经济措施

通过工程用资金按计划到位加以实现。

5．信息措施

通过对工程全过程监测、反馈、分析、调整，连续对施工全过程实行监控。

第四节　施工质量控制与管理

园林工程质量标准是从园林工程的性能、寿命、可靠性、安全性和经济性五方面综合考虑制定的。在园林工程施工建设中，只有质量合乎要求的工程才能投入生产和交付使用，才能发挥其投资效益。园林工程施工质量是园林企业的生命线，是园林企业发展的根本保证。在园林建设市场竞争激烈的今天，如何提高工程质量水平是每位管理者必须思考的问题。同时，确保工程质量也是节约成本、避免浪费的最好途径。在施工过程中，工程质量不能与安全生产、进度、成本等对立起来，不能为了其他目标而影响工程质量，应该在保证施工质量的前提下控制成本和进度。园林工程施工质量控制的首要工作是确保质量保证体系的建立和正常运行，并按照事前、事中、事后控制相结合的原则予以实施。在园林工程施工合同签订后，项目经理部应建立起完善的工程项目管理机构和严密的质量保证体系，以及制定完善的质量责任制，紧紧地抓住制订质量计划、质量计划的实施和质量计划（目标）的实现这三个环节，并要求项目部各部门各司其责，担负起质量管理的责任，以各自的工作质量来保证整体工程质量。

一、基本概念

（1）质量管理。国家标准 GB/T6583—94 对质量管理的定义为：确定质量方针、目标和职责，并在质量体系中通过诸如质量策划、质量控制、质量保证和质量改进，实施其全部管理职能的所有活动。施工项目质量管理的首要任务是确定质量方针、目标和职责，核心是建立有效的质量体系，通过质量策划、质量控制、质量保证，确保质量方针、目标的实施和实现。

（2）全面质量管理。国家标准 GB/T6583—94 对全面质量管理的定义为：一个组织以质量为中心，以全员参与为基础，目的在于让顾客满意和本组织所有成员及社会受益而实施的长期、全面的质量管理。

（3）质量控制。国家标准 GB/T6583—94 对质量控制的定义为：为达到质量要求所采取的作业技术和活动。

园林工程施工质量管理的主要内容包括质量策划、质量控制、质量保证和质量改进四方面。

二、质量策划

质量策划是质量管理的一部分，致力于设定质量目标并规定必要的作业过程和相关资源以实现其质量目标。施工项目的质量策划的具体内容如下。

（1）根据工程项目特点（包括建筑物特点、工程环境特点、外部各相关主体的特点）制定应达到的质量目标。

（2）选择有效的程序和过程实现质量目标，包括确定各种可以量化的指标、目标的分解、工序的质量管理点（控制点）。

（3）策划实现质量目标所需的资源，如人、材料、机械设备及机具、技术（方法）和信息、资金等。

（4）通过上述的策划活动编制质量计划，从而完成工程项目的质量策划。

三、质量控制

园林工程施工质量控制包括施工项目外部（园林施工监理）的质量控制和施工企业内部的质量控制。施工单位对施工项目的质量控制可分为系统控制、因素控制和阶段控制。

1. 园林工程施工质量的系统控制

一个园林工程项目由若干单项工程组成，一个单项工程由若干单位工程组成，并可以单独发挥经济效益和使用功能；一个单位工程由多个分部工程组成；若干个分项工程组成一个分部工程。每一个分项工程是由若干个施工过程（工序）来完成的，所以整个施工项目是一个系统，而最基本元素就是工序，因此工序质量是形成分项、分部、单位、单项和整个园林工程项目质量的基础，要保证项目的施工质量，就必须实行系统控制。

2. 园林工程施工质量的因素控制

影响施工项目的质量主要有五种因素，通常称为4M1E，即人（Man）、材料（Material）、机械（Machine）、方法（Method）和环境（Environment）。

（1）人的控制。控制对象包括管理者和操作者。主要从人的技术水平、人的生理状况、人的心理、人的行为等方面加以控制。

（2）材料的控制。材料包括原材料、成品、半成品、构配件，是工程施工的物质条件。材料质量是工程质量的基础，所以加强材料的质量控制是提高工程质量的重要保证。材料的质量控制应从以下几方面入手。

1）掌握材料信息，优选供货厂家。

2）合理组织材料的供应，确保工程正常进行。

3）合理组织材料的使用，减少使用中的浪费。

4）严格检查验收，把好质量关。

5）重视材料的性能、质量标准、适用范围，以防错用或使用不合格材料。

（3）机械的控制。机械的控制，包括生产机械设备和施工机械设备的控制。施工项目的质量控制主要指对施工机械设备的控制。机械的控制的要点包括：①机械设备的选型；②主要性能参数；③机械设备的使用、操作。

（4）方法的控制。方法的控制包括工程项目在整个周期内所采取的施工技术方案、工艺流程、组织措施、检测手段、施工组织设计等方面的控制。

（5）环境的控制。对影响工程项目质量的诸多环境因素加以控制。环境因素可概括为以下三种：①工程技术环境，如工程地质、水文、气象等；②工程管理环境，包括质量管理体系、质量保证体系、各项质量管理制度等；③劳动环境，如劳动组合、劳动工具、工作面、作业场所等。

3. 园林工程施工质量的阶段控制

施工阶段是项目质量的形成阶段，也是施工项目质量控制的重点阶段。按顺序可分为事前控制、事中控制和事后控制三个阶段。

（1）园林工程施工事前的质量控制。事前控制具体是指施工前应围绕影响质量的五种因素做准备。

1）技术准备。包括图纸的熟悉和会审，编制施工组织设计，编制施工图预算及施工预算，对项目所在地的自然条件和技术经济条件的调查和分析，技术交底，等等。

2）物质准备。包括施工所需原材料的准备，构配件和制品的加工准备，施工机具准备，生产所需设备的准备，等等。

3）组织准备。包括选聘委任施工项目经理，组建项目组织班子，编制并评审施工项目管理方案，集结施工队伍并对其培训教育等，建立各项管理制度，建立完善质量管理体系，等等。

4）施工现场准备。包括控制网、水准点、标桩的测量工作，协助业主方实施"七通一平"（给水、排水、供电、道路、热力、燃气、通信和场地平整），临时设施的准备，组织施工机具、材料进场，拟定试验计划及贯彻"有见证试验管理制度"的措施，技术开发和进步项目计划，等等。

（2）园林工程施工事中的质量控制。事中质量控制是保证工程质量一次交验合格的重要环节，没有良好的作业自控和监控能力，工程质量的受控状态和质量标准的达到就会受到影响。

事中质量控制的策略是全面控制施工过程，重点控制工序质量。事中质量控制的措施包括：工序交接有检查，质量预控有对策，施工项目有方案，技术资料有交底，图纸会审有记录，配制材料有试验，隐蔽工程有验收，测量监控装置有校准，设计变更有手续，钢筋代换有制度，质量处理有复查，成品保护有措施，行使质控有否决，质量文件有档案。

（3）园林工程施工事后的质量控制。事后的质量控制是指对施工项目竣工验收的控制。竣工验收前施工单位必须完成工程设计和合同约定的各项内容，对工程质量进行检查，确认工程质量符合有关法律、法规和工程建设强制性标准，符合设计文件及合同要求，并完成工程竣工报告。工程竣工报告应经项目经理和施工单位有关负责人审核签字，监理单位对工程质量评估报告应经总监理工程师和监理单位有关负责人审核签字，建设行政主管部门及其委托的工程质量监督机构等有关部门责令整改的问题也要全部整改完毕，由建设单位组织工程竣工验收。

四、质量保证

施工项目质量保证分对外质量保证和对内质量保证。对外质量保证是对业主（顾客）的质量保证和对认证机构的保证。对业主（顾客）的质量保证主要是提供符合业主要求的园林工程。对认证机构的保证是指通过国家质量技术监督局下属的认证机构，刘园林施工产品的生产组织的质量管理体系的认证来实现其质量保证，现在许多园林施工企业已经通过了国家的质量管理体系的认证。对内质量保证是施工项目经理部向企业经理（组织最高管理者）的保证。其保证的内容是施工项目质量管理的目标符合企业的生产经营总目标。企业以利润为中心，项目管理以成本为中心，项目的质量保证不能脱离降低成本、为企业盈利的总目标。

五、质量改进

园林工程施工的质量改进是园林施工企业为满足不断变化的顾客的需求和期望而进行的各项活动。

六、全面质量管理的程序

质量管理和其他各项管理工作一样，要做到有计划、有措施、有执行、有检查、有总结，才能使整个管理工作循序渐进，保证工程质量不断提高。为不断揭示项目施工过程中在生产、技术、管理等方面的质量问题，通常采用 PDCA 法。PDCA 法有计划（Plan）、执行（Do）、检查（Check）和处理（Action）四个阶段。该方法就是：先进行现状分析，掌握质量规格、特性，制定目标，找出影响质量因素，安排计划；按计划执行；执行中进行动态检查、控制和调整；执行完成后进行总结处理，处理检查结果；出现异常时，调查原因，解决尚未解决的问题，通过循环，再次检查、处理，使工程质量更加完善。

要做到科学操作 PDCA 法，必须制定行之有效的措施，5W1H 工作法就很有现实意义。"5W"代表：Why（为什么要制定这些措施或手段）；What（这些措施的实施应达到什么目的）；Where（这些措施应实施于哪个工序、哪个部门）；When（什么时间内完成）和 Who（由谁来执行）。"1H"代表 How（实际施工中应如何贯彻落实这些措施）。5W1H 工作法的实施保证了 PDCA 法的实现，从而保证了工程施工进度和质量，最终达到施工管理的目标，是一种值得推广的施工调度方法。

第五节　施工项目成本控制

施工企业项目成本控制在整个项目管理体系中处于十分重要的地位。园林工程项目成本控制的目的就是在保证工期和质量满足要求的情况下，对工程施工中所消耗的各种资源和费用，进行指导、监督、调节和限制，及时纠正可能发生的偏差，把各项费用的实际发生额控制在计划成本的范围之内，以保证成本目标的实现，创造较好的经济效益。

一、施工项目成本控制概述

1. 施工项目成本的概念

成本是指企业为生产和销售一定种类、一定数量的产品所发生的物化劳动和活劳动的耗费。园林工程施工项目成本是项目经理部在完成施工项目的过程中所发生的全部生产费用的总和。

2. 施工项目成本的主要形式

按成本发生的时间可划分为：

（1）预算成本。按项目所在地区园林业平均成本水平编制该项目成本。编制依据：①施工图纸；②统一的工程计划规则；③统一的工程定额；④项目所在地区的各项价差系数；⑤项目所在地区的有关取费费率。其作用是确定工程造价的基础、编制计划成本的依据和评价实际成本的依据。

（2）计划成本。项目经理部编制该项目计划达到的成本水平。编制依据：①公司下达的目标利润；②该项目的预算成本；③项目的组织设计及成本降低措施；④同行业同类项目的成本水平等；⑤施工定额。计划成本的作用是为建立健全项目经理部的成本控制责任、控制生产费用、加强经济核算与降低工程成本。

（3）实际成本。项目在施工阶段实际发生的各项生产费用。编制依据是实际成本的核算。其作用主要是反映项目经理部的生产技术、施工条件和经营管理水平。

除按成本发生的时间划分外，还可按生产费用计入成本的方法，把施工项目成本划分为直接成本和间接成本。其中直接成本包括人工费、材料费、机械费和其他直接费，间接成本包括在施工现场（项目经理部）发生的现场管理费和临时设施费。

二、施工项目成本控制

1．施工项目成本控制的含义

施工项目成本控制是项目经理部在项目施工的全部过程中，为控制人工、机械、材料消费和费用支出，达到预期的项目成本目标或降低成本，所进行的成本预测、计划、实施、检查、核算、分析、考评等一系列活动。

2．施工项目成本控制的原则

（1）全面控制的原则。

1）全员控制。建立全员参加的责权利相结合的项目成本控制责任体系。项目经理、各部门、施工队、班组人员都负有成本控制的责任，在一定的范围内享有成本控制的权利，在成本控制方面的业绩与工资挂钩，从而形成一个有效的成本控制责任网络。

2）全过程控制。成本控制贯穿项目施工过程的每一个阶段，每一项经济业务都要纳入成本控制的轨道。

（2）动态控制的原则，即分段进行控制，如投标阶段、施工准备阶段、施工阶段、竣工阶段、养护阶段。

1）在施工开始之前进行成本预测，确定目标成本，编制成本计划，制定或修订各种消耗定额和费用开支标准。

2）施工阶段重在执行成本计划，落实降低成本措施，实行成本目标管理。

3）建立灵敏的成本信息反馈系统，使有关人员能及时获得信息、纠正不利成本偏差。

4）制止不合理开支。

5）竣工阶段，成本盈亏已成定局，主要进行整个项目的成本核算、分析和考评。

（3）开源节流的原则。坚持增收和节约；核查成本费用是否符合预算收入，收支是否平衡；严格财务制度，对各项成本费用的限制和监督；提高施工项目的科学管理水平，优化施工方案，提高生产效率，降低人、财、物的消耗。

第六节　施工项目安全控制与管理

一、概述

　　风景园林建设施工是多工种、多环节的联合作业，且具有自身的特点，在建设施工中有潜在的危险性和不安全因素。在施工中由于安全管理不善及对各种安全风险认识的不足而引发各种安全事故。这些事故的产生必然导致以下重大损失：人员、财产的损失；施工中断，施工效率降低，直接影响施工企业的经济效益；事故的发生亦会造成恶劣的社会影响，损坏企业的声誉，影响施工企业的持续发展。由此可见，施工安全的风险管理是园林建设企业的"瓶颈"，必须引起重视。

　　（1）概念。安全生产管理是施工中避免发生事故、杜绝人身伤害、保证良好施工环境的管理活动。它是保护职工安全健康的企业管理制度，是搞好工程施工的重要措施。

　　（2）基本原则。具体包括管生产必须管安全，安全第一，预防为主，动态控制，全面控制，现场安全为重点，等等。

二、安全管理的主要内容

　　建立安全生产管理制度，贯彻安全技术管理，坚持安全教育和安全培训，组织安全检查，进行事故处理，强化安全生产指标。

三、安全管理制度

　　（1）建立健全必要的安全制度。如安全技术教育制度、安全保护制度、安全技术措施制度、安全考勤制度和奖惩制度、伤亡事故报告制度及安全应急制度等。

　　（2）安全生产责任制。建立完善的安全生产管理体系要有相应的安全组织，配备专人负责，做到专管成线、群管成网。

　　（3）安全技术措施计划。严格贯彻执行各种技术规范和操作规程。如苗木花卉安全越冬技术要求、电气安装安全规定、起重机械安全技术管理规程、建筑施工安全技术规程、交通安全管理制度、架空索道安全技术标准、防暑降温措施实施细则、砂尘危害工作管理细则及危险物安全管理制度等。

　　（4）制定具体的施工现场安全措施。必须详细、认真地按施工工序或作业类别，制定相应的安全措施，并做好安全技术交底工作。现场内要建立良好的安全作业环境，例如：悬挂安全标志，标贴安全宣传品，佩戴安全袖章、徽章，举办安全技术讨论会、演示会，召开定期安全总结会议，等等。

第七节　施工项目劳动管理

一、概述

施工项目劳动管理是项目经理把参加园林项目生产活动的人员作为生产要素，对其所进行的培训、计划、组织、控制、协调、教育等工作的总称。工程施工应注意施工队伍的建设，特别是对施工人员的园林植物栽培管理技术的培训，除必要的劳务合同、后勤保障外，还应做好劳动保险工作，加强职业的技术培训，采取有竞争性的奖励制度，调动施工人员的积极性。与此同时，也要制定生产责任制，确定先进合理的劳动定额，保障职工利益，明确其施工责任。

二、施工项目劳动组织管理

（1）对外包、分包劳务的管理。项目经理通过与其签订合同进行管理，合同一定要全面、合理、准确。

（2）项目经理部直接组织的管理。项目经理部提出要求、标准，并负责检查、考核，对提供劳务的个人、班级、施工队进行直接管理，或与劳务原属组织部门共同管理。

（3）与企业劳务管理部门共同管理。

三、劳动定额与定员

1. 劳动定额

劳动定额是指在正常生产条件下，为完成单位工作所规定的劳动消耗的数量标准，有时间定额和产量定额。时间定额是指完成合格工程（工件）所必需的时间；产量定额是指在单位时间内应完成的合格工程（工件）。劳动定额是制订施工作业计划、工资计划的依据，是成本控制和经济合算的基础，是项目经理部合理定编、定员、定岗的依据，也是考评员工劳动效率、按劳分配的依据。

2. 劳动定员

劳动定员是指根据施工项目的规模和技术特点，为保证工程的顺利进行，在一段时间内，项目必须配备的各类人员的数量和比例。劳动定员是合理用人、提高劳动生产率的重要措施之一。

第八节　施工项目材料及现场管理

施工项目材料管理是建筑工程项目管理的重要组成部分,在园林工程建设过程中建筑材料的采购管理、质量控制、环保节能、现场管理、成本控制是园林建设工程施工管理的重要环节。搞好施工材料的管理,对于加快施工进度、保证工程质量、降低工程成本、提高经济效益,具有十分重要的意义。

一、施工项目材料管理

（1）施工材料供应主要包括编制材料供应采购计划,组织施工材料及制品的订货、采购、运输及加工和储备,保质、保量、按时满足施工要求。

（2）施工项目的材料管理主要包括园林工程施工中所需要的全部原材料、工具、构件,以及各种加工订货的供应与现场管理。

（3）施工材料的现场管理主要包括材料的进场验收、材料的储存与保管、材料的领发、材料的使用监督和周转材料的现场管理等方面的工作。

1. 材料的采购管理

（1）确定施工材料的采购计划。工程项目部依据项目合同、设计文件、项目管理实施规划和有关采购管理制度编制采购计划。采购计划包括:采购工作范围、内容及管理要求;采购信息,包括产品或服务的数量、技术标准和质量要求;检验方式和标准;供应方资质审查要求;采购控制目标及措施。

（2）合理选择材料。经营企业和生产企业为了选择优质园林建筑材料,必须要选择合格的供应商。除了公司已有的合格供应商以外,还可以通过以下方式对新的供应商进行考察。

1）审核查验材料生产经营单位的各类生产经营手续是否完备齐全。

2）实地考察原材料生产企业的生产规模、诚信观念、销售业绩、售后服务等情况。

3）重点考察园林建筑材料生产企业的质量控制体系是否具有国家及行业的产品质量认证,以及材料质量在同类产品中的地位。

4）从业界同行中了解该企业的情况,获得更准确、更细致、更全面的信息。根据以上的调查和考察,选择新的材料供应商和生产企业。

（3）材料价格的控制。园林企业应通过市场的调研,组织对已选的合格供应商的报价进行比较,货比三家,对于相同质量的材料,选择较合理的材料采购价格。同时,要合理地组织材料的运输,在材料价格相同时,就近购料,选用最经济的运输方法,以降低运输成本。要合理地确定进货的批次和批量,还要考虑资金的时间价值,确定经济批量。如果所需材料量很大,还可以通过招标的方式进行。

（4）材料的进场检验。园林建筑材料验收入库时必须向供应商索要国家规定的有关质量合格及生产许可证明。项目采用的工具、机械设备、材料等应经检验合格，并符合设计及相应现行标准要求才能入库。主要建筑材料的检验单位必须具备相应的检测条件和能力，经省级以上质量技术监督部门或其授权的部门考核合格后，方可承担检验工作。对于已采购的机械设备、建筑材料，在检验、运输、入库保管等过程中，应按照国家职业健康安全和环境管理要求进行检测，避免对职业健康安全、环境造成影响。

2．材料验收管理办法

（1）施工项目所购材料必须由现场材料验收员、材料采购员共同参加两次过磅验收计量。必须在发票或入库验收单上注明生产厂家、经营单位、材料名称型号、销售人员姓名、采购人员姓名、验收人员姓名。

（2）施工现场必须建立车辆进出台账，现场守卫人员负责车辆进出的登记，记录上必须注明车牌号及材料名称。项目负责人在审核入库验收单据时，应与车辆进出台账核对无误后方可签字认可。

（3）施工现场夜间 22:00 点以后原则上不验收任何材料，如因特殊情况需要当晚验收的，必须请示项目分管领导同意后方可验收。

（4）材料验收人员在验收进场材料时，必须旁站监督，直至材料全部卸车后方可离开。

（5）施工项目部报送入库验收单据时，必须与公司材料部办理好交接手续。交接手续必须注明入库验收单份数、单据编号、项目名称，报送人及接收人均应签字。

3．材料存放管理

（1）材料入库管理。建筑材料应根据材料的不同性质存放于符合要求的专门材料库房，应避免潮湿、雨淋，防爆、防腐蚀。一个园林工程工地所用材料较多，同一种材料有诸多规格，例如：钢材从直径几毫米到数十毫米有数十个品种；水泥有标号高低之分，品种不一；各种水电配件品种繁多。因此，各种材料应标识清楚，分类存放。

（2）材料发放管理。项目经理部必须准确地把握工程的进展情况，严格执行限额领料制度。在下达的施工任务书中，附上完成该项施工任务的限额领料单，作为发料部门的控制依据，防止错发、滥发等无计划用料，从源头上做到材料的"有的放矢"。

要周密安排月、旬领料计划。根据施工程序及工程形象进度周密安排分阶段的领料计划，这不仅能保证工期与作业的连续性，而且是用好用活流动资金、降低库存、强化材料成本管理的有效措施，在资金周转困难的情况下尤为重要。

建立限额领料制度并严格执行。对于材料的发放，要实行"先进先出，推陈储新"的原则，项目经理部的物资耗用应结合分部、分项工程的核算，严格实行限额领料制度，在施工前必须由项目施工人员开签限额领料单，限额领料单必须按栏目要求填写，不可缺项。对易破损的物品，材料员在发放时须进行较详细的验交，并由领用双方在凭证上签字认可。对贵重和用量较大的物品，可以根据使用情况，凭领料小票分多次发放。

4. 施工过程中的材料管理

这是现场材料管理和管理目标的实施阶段，其主要内容如下。

（1）现场材料平面布置规划，做好场地、仓库、道路等设施的准备。

（2）履行供应合同，保证施工需要，合理安排材料进场，对现场材料进行验收。

（3）掌握施工进度变化，及时调整材料配套供应计划。

（4）加强现场物资保管，减少损失和浪费，防止物资丢失。

（5）施工收尾阶段，组织多余料具退库，做好废旧物资的回收和利用。

二、施工项目的现场管理

施工现场管理是指项目经理部门按照《施工现场管理规定》和城市建设管理的有关法规，科学合理地安排使用施工现场，协调各专业管理和各项施工活动，控制污染，创造文明安全的施工环境和严谨和谐的施工秩序所进行的一系列管理工作。

合理规划施工用地，科学设计施工总平面图，并随施工进展不断调节、完善。建立施工现场管理组织和管理规章制度，班组实行自检互检交接班制度。施工场地入口处应有施工单位标志、现场平面图、现场规章制度及岗位责任制度。

第九节　园林工程施工合同的管理

一、园林工程施工合同管理的目的和任务

园林工程施工合同，是项目法人单位与园林工程施工企业进行承包、发包的主要法律文件，是进行工程施工、监理和验收的主要法律依据。订立和履行园林工程施工合同，直接关系到建设单位和园林工程施工企业的根本利益。

因此，园林工程施工合同管理的目的是建立现代园林工程施工企业制度，规范园林工程施工的市场主体、市场价格和市场交易，并通过加强合同管理，提高园林工程施工合同的履约率。同时，通过园林工程施工的合同管理，才能保证园林企业间的"平等互利，形式多样，讲求实效，共同发展"的经济合作方针和企业本身"守约、保质、薄利、重义"的经营原则。加强园林工程施工合同管理，也是我国园林工程施工合同管理与国际园林工程施工惯例接轨的迫切需要。

园林工程施工合同管理的任务：①发展和培育园林工程施工市场，努力推行法人责任制、招标投标制、工程监理制和合同管理制，全面提高园林工程建设管理水平；②控制工程质量、

进度和造价；③保证园林工程项目的顺利完成，维护当事人双方的合法权益。

二、园林工程施工合同管理的方法和手段

1. 园林工程施工合同管理的方法

（1）健全园林工程合同管理法规，依法管理。在园林工程建设管理活动中，要使所有工程建设项目从可行性研究开始，到工程项目报建、工程项目招标投标、工程建设承发包，直至工程建设项目施工和竣工验收等一系列活动全部纳入法制轨道，就必须增强发包商和承包商的法制观念，保证园林工程建设项目的全部活动依据法律和合同办事。

（2）建立和发展有形园林工程市场。发展我国园林工程发包承包活动，必须建立和发展有形的园林工程市场。有形园林工程市场必须具备及时收集、存储和公开发布各类园林工程信息的三种基本功能，为园林工程交易活动提供服务，包括工程招标、投标、评标、定标和签订合同，以便于政府有关部门行使调控、监督的职能。

（3）完善园林工程合同管理评估制度。完善的园林工程合同管理评估制度是建立有形的园林工程市场的重要保证，是提高我国园林工程管理质量的基础，也是发达国家经验的总结。我国在园林工程合同管理方面还存在一定的差距，要使我国的园林工程合同管理评估制度符合以下要求，才能实现与国际惯例接轨：①合法性，指工程合同管理制度符合国家有关法律、法规的规定；②规范性，指工程合同管理制度具有规范合同行为的作用，对合同管理行为进行评价、指导、预测，对合同行为进行保护奖励，对违约行为进行预测、警示和制裁等；③实用性，指园林工程合同管理制度能适应园林建设工程合同管理的要求，便于操作和实施；④系统性，指各类工程合同的管理制度是一个有机结合体，互相制约、互相协调，在园林工程合同管理中，能够发挥整体效应的作用；⑤科学性，指园林工程合同管理制度能够正确反映合同管理的客观经济规律，保证人们运用客观规律进行有效的合同管理。

（4）推行园林工程合同管理目标制。园林工程合同管理目标制，就是要使园林工程各项合同管理活动具有明确的目标并达到预期结果。其过程是一个动态过程，就是指工程项目管理机构和管理人员为实现预期的管理目标和最终目的，运用管理职能和管理方法对工程合同的订立和履行施行管理活动的过程。其过程主要包括：合同订立前的目标制管理、合同订立中的目标制管理、合同履行中的目标制管理和减少合同纠纷的目标制管理等四部分。

（5）园林工程合同管理机关必须严肃执法。合同法和相关行政法规，是规范园林工程市场主体的行为准则。在我国园林工程市场不断发展和完善的今天，具有法制观念的园林工程市场参与者，要学法、懂法、守法，依据法律、法规进入园林工程市场，签订和履行工程建设合同，维护自身的合法权益。而合同管理机关，对违犯合同法律、行政法规的应从严查处。

2. 园林工程施工合同管理的手段

园林工程施工合同管理是一项复杂而广泛的系统工程，必须采用综合管理的手段，才能达到预期目的，其常用的手段有以下几种。

（1）普及合同法制教育，培训合同管理人才认真学习和熟悉必要的合同法律知识，以便

合法地参与园林工程市场活动。发包单位和承包单位应当全面履行合同约定的义务，不按照合同约定履行义务的，要依法承担违约责任。工程师必须学会依据法律的规定，公正地、公开地、独立地行使权力，努力做好园林工程合同的管理工作。这就要进行合同法制教育，通过培训等形式，培养合格的合同管理人才。

（2）设立专门的合同管理机构并配备专业的合同管理人员，建立切实可行的园林建设工程合同审计工作制度。设立专门合同管理机构，并配备专业的管理人员，以强化园林建设工程合同的审计监督，维护园林工程建筑市场秩序，确保园林建设工程合同当事人的合法权益。

（3）积极推行合同示范文本制度。此举是贯彻执行《中华人民共和国合同法》，加强合同监督，提高合同履约率，维护园林建筑市场秩序的一项重要措施。一方面有助于当事人了解、掌握有关法律、法规，使园林工程合同签订符合规范，避免缺款少项和当事人意思表达不真实的情况，防止出现显失公平和违约条款；另一方面，便于合同管理机关加强监督检查，也有利于仲裁机构或人民法院及时裁判纠纷，维护当事人的合法权益，保障国家和社会公共利益。

（4）开展检查评比活动，促进企业重合同、守信用。园林工程建设企业应牢固树立"重合同、守信用"的观念。在开拓园林工程建筑市场的活动中，园林工程建设企业为了提高竞争能力，应该认识到"企业的生命在于信誉，企业的信誉高于一切"的原则的重要性。因此，园林工程建设企业各级领导应该经常教育全体员工认真贯彻岗位责任制，使每一名员工都关心工程项目的合同管理，认识到自己的每一项具体工作都是在履行合同约定的义务，从而保证工作项目合同的全面履行。

（5）建立合同管理的微机信息系统。建立以微机数据库为基础的合同管理系统。在数据收集、整理、存贮、处理和分析等方面，建立工程项目管理中的合同管理系统，可以满足决策者在合同管理方面的信息需求，提高管理水平。

（6）借鉴和采用国际通用规范和先进经验。现代园林工程建设活动，正处在日新月异的新时期，我国加入世界贸易组织（World Trade Organization，WTO）后园林工程承发包活动的国际性更加明显。国际园林工程市场吸引着各国的业主和承包商参与其流转活动。这就要求我国的园林工程建设项目的当事人学习、熟悉国际园林工程市场的运行规范和操作惯例，为进入国际园林工程市场而努力。

课后思考题

1. 试述园林工程施工组织的作用、分类和原则。
2. 园林工程施工组织设计的主要内容是什么？
3. 针对某一园林工程，画出一张施工现场平面布置图。
4. 请简述项目经理的作用和作为项目经理所应具备的条件。
5. 针对某一园林工程，做出该园林工程的施工组织设计。
6. 园林工程施工管理的主要内容和作用有哪些？
7. 何为施工进度控制？施工成本控制的原则是什么？

8. 何为施工质量管理和质量控制？质量控制可分为哪几类？其具体内容是什么？

9. 简述全面质量管理的程序。

10. 何为施工成本控制？施工成本控制的原则是什么？

11. 安全施工管理的主要内容是什么？要做到安全生产，应做好哪几方面的工作？

12. 试述园林工程施工合同的概念、作用及特点。

13. 试述园林工程施工合同签订的条件、原则及程序。

14. 按园林工程施工合同示范文本的要求模拟签订一份某一园林的工程施工合同。

15. 试述园林工程施工合同的履行、变更、转让和终止的概念及相关法律规定。

16. 园林工程施工合同管理的目的和任务是什么？

17. 园林工程施工合同管理的方法和手段有哪些？

参考文献

［1］付钟瑶. 园林计算机辅助设计［M］. 北京：中国农业大学出版社，2022.

［2］雷凌华，许明明. 风景园林工程［M］. 北京：中国建筑工业出版社，2022.

［3］孟兆祯，毛培琳，黄庆喜，等. 园林工程［M］. 北京：中国林业出版社. 1996.

［4］张绿水. 园林工程［M］. 北京：北京工业大学出版社，2021.

［5］陈其兵，刘柿良. 风景园林概论［M］. 北京：中国农业大学出版社，2021.

［6］吕明华，赵海耀，王云江. 园林工程［M］. 北京：中国建材工业出版社，2019.

［7］李玉萍，杨易昆. 园林工程［M］. 3版. 重庆：重庆大学出版社，2018.

［8］崔星，尚云博. 园林工程［M］. 武汉：武汉大学出版社，2018.

［9］孔杨勇. 园林工程施工［M］. 杭州：浙江大学出版社，2015.

［10］张树民. 园林工程［M］. 北京：航空工业出版社，2013.

［11］李小梅. 园林工程施工［M］. 北京：中国农业大学出版社，2012.

［12］陈永贵，吴戈军. 园林工程［M］. 北京：中国建材工业出版社，2010.

［13］杨至德. 园林工程［M］. 武汉：华中科技大学出版社，2009.

［14］耿美云. 园林工程［M］. 北京：化学工业出版社，2008.

［15］张文英. 风景园林工程［M］. 北京：中国农业出版社，2007.

［16］韩玉林. 园林工程［M］. 重庆：重庆大学出版社，2011.

［17］李世华，徐有栋. 市政工程施工图集［M］. 北京：中国建筑工业出版社，2004.

［18］梅尔. 园林设计论坛［M］. 王晓俊，译. 南京：东南大学出版社，2003.

［19］田永复. 中国园林建筑施工技术［M］. 北京：中国建筑工业出版社，2002.